環ヒマラヤ生態観察叢書①

ヤルツァンポ大峡谷

生物多様性観測マニュアル

ヤルツァンポの眼

チベット戸外協会 編著
安西辰彦　中村千也 訳

グローバル科学文化出版

序 ……… 5

第1章 **地図** ……… 9
　ヤルツァンポ大峡谷概略図　　……… 10
　TBISの観測路線図　　……… 12

第2章 **総括** ……… 13
　人類最後の秘境──ヤルツァンポ大峡谷　　……… 14
　千差万別なヤルツァンポ大峡谷の生物　　……… 15

第3章 **大峡谷の生物** ……… 17
　鳥類　……… 18
　獣類　……… 66
　両生類・爬虫類　……… 80
　昆虫類　……… 85
　植物　……… 128

第4章 **観測手記** ……… 245
　追跡の醍醐味　……… 246
　生物の観測と撮影　……… 248
　写真の裏側の物語　……… 250
　生物多様性観測路線　……… 254

参考文献 ……… 261
あとがき ……… 262

序文 I

　2013 年 3 月、旧友の鄧氷さんが私の元を訪ねてきたが、彼は一つ「任務」を持ってきた。それは私に『ヤルツァンポの眼』という本に一筆書かせることであった。

　この本を書くため、著者たちは 2 年の時間を費やした。実地調査を行った地域は想像を絶する厳しい環境であったが、豊富な資料を集めることのできる地域であった。彼らの調査は大峡谷だけでなく、さらにその周辺の地区、森林区および湖区にまで及び、その範囲はチベット南東部をほぼ覆った。

　彼らはヤルツァンポ大峡谷に科学的、厳密に境界線を定義した。峡谷の範囲は、北を米林県大渡卡村から、南の墨脱県巴昔卡村まで、平均深度 2268 メートル、谷間の長さは 504.6 キロメートル、最も深いところは 6009 メートルで、平均海面高度 3000 メートル以上にある。ヤルツァンポ大峡谷は、独特な馬蹄形の峡谷で、この大きな湾曲は唯一無二のものであると言われる。この大湾曲は世界の内陸、山地の中心地帯特有の大湾曲で、その神秘的な美しさ、その深さ、その奥ゆかしさ、その緑、その生物多様性は、全世界でも極めて稀なものである。

　著者たちはそれぞれの学科領域から出発して、大峡谷とその周辺地区の各種類生物群を実地調査した。植物は背の高い木、低い木、草、動物は獣、鳥、虫および水陸両生、爬虫類など、細かく、そのうえ地域特有の分布と分化に注目し、大峡谷地区生態環境の独特さや優れた部分を展示し、さらに点、面、線の観点からその変化における差異を示した。

　彼らの現地調査は、大峡谷の特別な区域で行われ、その資料の収集、撮影は、春夏秋冬全てを経験した。風霜雨雪に見舞われたり、絶壁によじ登ったり、岩石の堆積する急斜面を越え、ワイヤーロープで川を渡り、危ない橋を渡るなどした。この方式とアプローチは「独特」であり、さらに険しく、資料を収集するのは決して簡単なことではなかった。ただ自らその身をもってこの環境を体験したものだけが、深い感動を得られたのだ。

序文

　私のチベット滞在期間を思い出すと 、考察地域は大体彼らと同じであったが、ただ私の研究対象が彼らのものと異なっていた。私が主に実地調査するものは植物で、大地に動かず根付く個体と林に分別することができる。すなわち私たちの実地調査と撮影難易度は比較的簡単なものである。対して彼らは動物という動く生体を調査したためその難易度は言うまでもなく高かった。

　彼らは野外の動物の探索と追跡を「楽しい」と言っていたが、私はとてもこの「楽しさ」の過程を理解することができた、それは困難につぎ込んだ時間に対する代価であるのだ。追いかけながら撮影している時、くじけてしまうこともあったし、一歩間違えれば大変な目に会うところだったという経験もあった。また、私はさらに潜伏したり、近くで見たり、静かに待つなどといった時間は言葉にできない様々な感情が混じり合ったものであった。動物の特徴や細部を撮影するために、もしくは 「1匹が動いて群れ全体が驚いて動き出してしまう」といったことがないように、しゃがんだり、這いつくばったり、寝転がったりと様々な姿勢をとった撮影者にもとても苦労があった。さらにその撮影者の姿勢は吸血をする小動物（蚊、マダニダニ、蝗のように）に絶好のチャンスを与えていた。それも皆この峡谷およびその周辺の生態環境と生物多様性を世界に広めるための苦労であり。たくさんの写真を載せることでよりわかりやすい本に仕上げた。

　期待を寄せてくれたチベットの友人たちへ。この一冊はみんなの宝である。これからも共に高原を愛し、共に自然を守っていこう。

辛娜卓嘎・徐　鳳翔
高原森林生態学教授
チベット高原生態研究所創始者、所長

2013 年 4 月 30 日

序文 II

　夜明りのしたで、『ヤルツァンポの眼』のページをめくると、美しく珍しい写真が次々と現れる。その写真を見ると、私のヤルツァンポ大峡谷での30年の記憶が一気に思い返される。2000キロメートル超の長さを誇るヤルツァンポ川は、チベット南東の米林県派鎮一帯にやってくると、まるで川がこの地で休憩をし、再び流れの激しいヤルツァンポ大峡谷に入って行くかのようであった。この地一体でのヤルツァンポ川の広さは300メートルあまりに達し、水面は穏やかなコバルト色で、川岸には原始松林が見られ、野生の桃の花と南迦巴瓦の雪山が互いに照り輝き、まるで詩や絵のような光景が見られる。

　この派鎮からヤルツァンポ川はヤルツァンポ大峡谷に入って行く、ヤルツァンポ大峡谷は長さ504.6キロメートル、平均深度2268メートル、最も深いところは6009メートルに達し、平均海面高度が3000メートル以上ある、世界一の大峡谷である。この峡谷には冷水、絶壁、急勾配、土石流と荒々しい大河が見られ、言うまでもなく非常に険しい地形である。ヤルツァンポ大峡谷周辺数百平方キロ内は人間がほとんど足を踏み入れておらず、20世紀80年代以前に至るまでこの地域に関する資料は真っ白であった。ここは青蔵高原生物多彩資源の最も裕福な地区で、「植物天然博物館」である。この世界での最大の峡谷の中には青蔵高原で確認されている高等植物の2/3以上が存在し、哺乳動物の1/2、昆虫の4/5および、中国で確認されている大型キノコ類の3/5が存在しており、世界最高水準と言える。ここには中国山地生態システム中の「熱帯」から「寒帯」まで様々な植物が生息している。海抜1100メートル以下は低山熱帯北縁の半常緑季節風雨林となっており、海抜2400メートル以下は中山熱帯常緑、半常緑広葉樹林、海抜4000メートル以下は亜高山温帯の常緑針葉樹林、海抜4400メートル以下は高山寒帯のために草原がなく、海抜4400－4900メートルの間には高山亜寒帯氷河植物が見られる。大峡谷一帯には数多くの珍しい野生動植物がいる、危険に瀕している珍しい植物もある。昆虫の中には、最も遅くに命名された大型獣類のレッドゴーラル、古く珍しい獣ターキン、世界での最もきれいな猛獣バングラデシュタイガー、猛毒を持つのキングコブラなどが生息する。

　チベットにおける作業30年以上の間に私がヤルツァンポ大峡谷に常に興味を持ち続けていたということは言うまでもない。合計で8回出入りし、最長で4カ月間滞在したこともある。20世紀90年代の末、政府がヤルツァンポ大峡谷自然保護区の区画範囲を画定するため、私たちは無人区の大峡谷を調査しなくてはいけなくなり、崖によじ登って林を抜け、橋を架け、土砂崩れを越え、落石区から逃げ、蝗を避け、有毒な虫、毒草、瘴気の襲撃を受けながら、10日以上歩き続け、著名なチベットの布巴東の大きい滝に到着した。撮影のために、危うく滝の深い水たまりに落下しかけたこともあった。私の過去の実地調査に、当時歴史条件と環境要素のせいで、細かく正確にこの地区生物の種を映像に記録することができなかった、これは私の長年の野

7

外自然の実地調査の中で感じた苦い思い出の一つである。

　この本の600あまりの大峡谷生物の優美な写真は、私に長年にわたった大峡谷作業の光景を思い出させる。大峡谷の珍しい野生動植物資源を記録することで、大衆にこの大峡谷の謎に対する答えを示すのが私の長年の課題であった。大峡谷のレッドゴーラル、ターキン、マラーなどは、近年に中国で記録したばかりのインドミツオシエ、貴重なジュズヒゲムシ、美しい高原の青いケシの蒿および色とりどりなイチハツの花、ホトトギス、プリムラ・マラコイデスと各種の美しい蘭などは、以前私が経験した情景であり、大変美しいものである。

　これらの貴重な種を撮影した写真資料は、簡単な「標本写真」ではなくて、高度な撮影芸術と生物学用途の写真で、簡単なものではなかった。人から遠く離れた深い峡谷に住む動物を撮りたければ、高い海抜峠を乗り越えなければならない。荒れ狂うヤルツァンポ川を徒歩で抜け、ジャングルに入り、幾度となく蚊に刺され、蛭に噛まれたし、全ては屈強な精神力が必要で、また寂しさを我慢強く止めなければいけなかった。そして注意深い観察力、真剣な科学態度に加え、さらに優秀な撮影技術を必要とした。

　チベット生物映像（ＴＢＩＳ）と映像生物多様性研究所（ＩＢＥ）調査隊のカメラマン、生物学界の同僚と共にヤルツァンポ大峡谷と周辺地区で２年多の実地調査をして、冬も夏も経験した。通算で約850種以上の野生生物を記録したが、その大部分は高品質の画像記録として残った。その一部は、新しい種、新しい亜種、新しい分布地域、新たな描写、新たな行動記録、中国新記録、チベット新記録で、生態映像上の空白を埋め尽くした。彼らのヤルツァンポ大峡谷の生物多様性保護には大変感謝している。

　『ヤルツァンポの眼』の出版はこの地域の生物多様性に関する図書の空白を埋め尽くした。人々にヤルツァンポ大峡谷の生物や自然環境、生物多様性を理解させて、さらにその保護を奮い立たせている。

劉　務林
チベット林業調査企画研究院長
高級工程師／研究員

2013年5月　ラサ（拉薩）

第一章　地図

第1章 地図

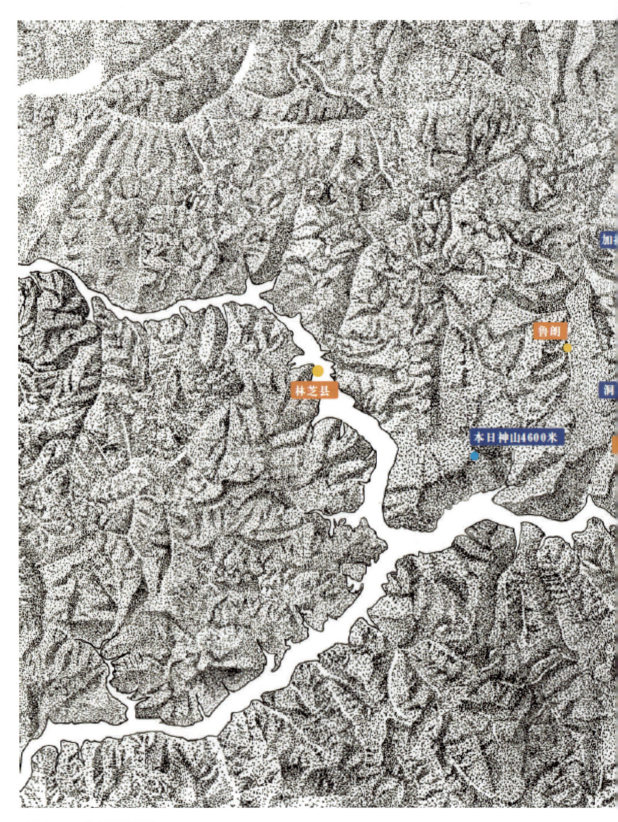

▲ヤルツァンポ大峡谷の略図

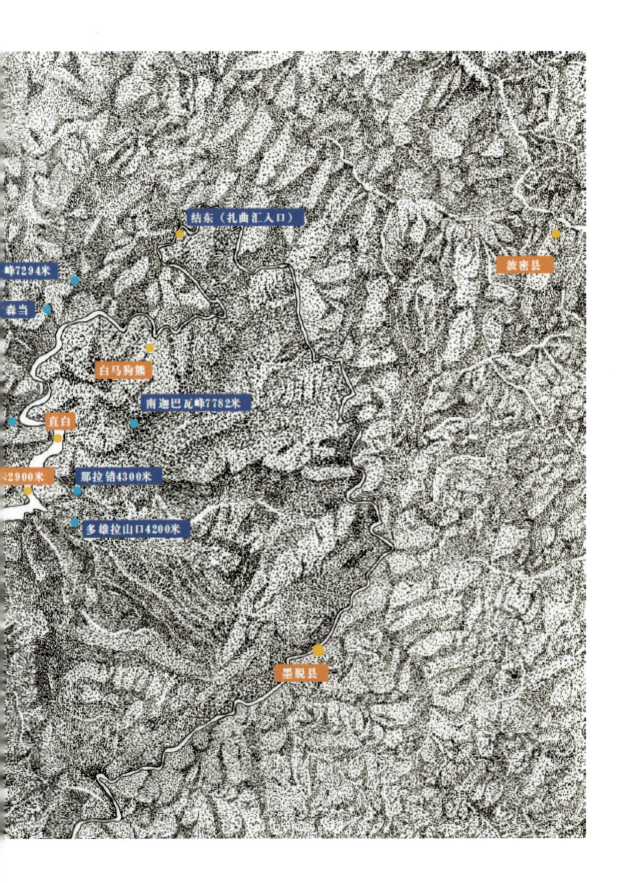

第1章 地図

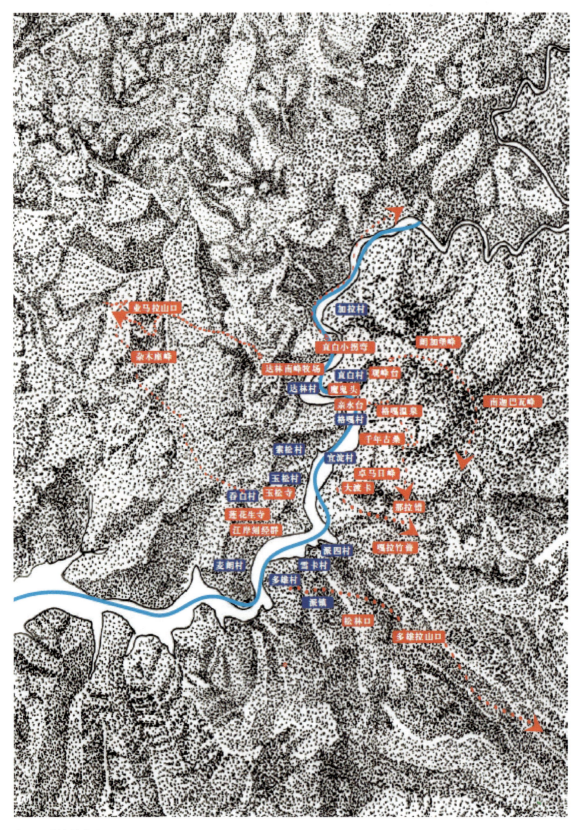

▲ TBIS 調査線路図

第二章　総括

人類最後の秘境—ヤルツァンポ大峡谷

ヤルツァンポ川はチベットで一番大きな川であり、ヤルツァンポ大峡谷は世界で一番の大峡谷である。北は米林県大渡峠村、南は墨脱県巴昔峠村まで、全長504.6キロ、平均深度2268メートル、一番深い深度6009メートル、平均海抜3000メートル以上ある。全ての峡谷地域に冷水、絶壁、急勾配が見られ、土石流と大波が天に届くほど大河が入り組んでいる。切り立った地形であり、多くの地域は今尚誰も足を踏み入れていない「地球最後の秘境」とも言える。そのためか大峡谷の生態は保たれており、生物種も豊富で、高い確率で大型動物に遭遇できる。

ヤルツァンポ大峡谷の水蒸気の通路で全世界の熱帯気候が北に500キロ移動したという話もある。ここは世界の同じ緯度の中で降水量が最大の地域であり、世界の最も早く隆起した地域でもある。ヤルツァンポ江の水蒸気の通路が大峡谷地域を整った垂直自然帯分布をも形成している。南迦巴瓦峰の南の傾斜を例として、海抜500メートル下の河谷は常緑雨林で、500〜1100メートルは低山半常緑雨林、1100〜1800メートルは山地亜熱帯常緑広葉樹林、1800〜2400メートルは東ヒマラヤ山脈地域特有の半常緑広葉樹林植生、2400〜2800メートルの間は雲南のチュウゴクツガを形成する山地温帯針葉樹林、2800〜3600メートルは亜高山暗針葉林、3600〜4000メートルは高山低木湿原地帯、4000〜4700メートルは高山の流石で植物が潰されており、4700メートル以上は永久氷雪地帯である。麓から山頂まで、水平上に熱帯から極地の植物に至るまでの変化が圧縮されている。ここは世界の中でも整った山地垂直自然地域が豊富な地域であり、全世界の気候の変化の縮図の地でもある。

ヤルツァンポ大峡谷は林芝地区に位置し、森林面積264万平方ヘクタール、森林被覆率46.11％、森林蓄積量8182億立方メートルあり、チベットないし中国の主要な原生林が分布している地域である。そして豊富な生物の多様性、独特の森林植物類型、特殊な分布法則、珍しい生物生産性と原形のままで維持されている。この一連の特色は経済的利益と環境保護をもたらす役割だけでなく、現在の国際生態環境領域が最も挑戦的な意味を持っている場所で、地域ないし全世界の生態環境の鍵となるであることは間違いない。同時に森林生態学研究の「天然の実験室」でもあり、多くの生態学の基本理論研究のために貴重な実験基地を提供し、中国ないし全世界の生態学者が注目する地域の一つである。

千姿万態の大峡谷の生霊

　ヤルツァンポ大峡谷地域の優れた自然と地理は、チベット自治区全体ないし中国で最も豊富な生物多様性をもつ要素となっており、自然の景観が最も原始的な地域の一つとなっている。科学的考察を経て、青蔵（青海省とチベット自治区）高原を含むヤルツァンポ大峡谷で分布する生物種で確認されているのは高等植物種類の 2/3、哺乳動物の 1/2、昆虫の 4/5、並び中国で確認されている大型のキノコ類の 3/5 で、世界で一番と言われている。

　ヤルツァンポ大峡谷におけるこのような広大な生物王国の調査は、単なる始まりではなく、2 年以上の調査範囲は、ヤルツァンポ大峡谷入り口から内部の一部の地域、大峡谷の脇の多雄拉山地域、大峡谷北坂道の魯朗、及び大峡谷周辺の高山湖の巴松錯地域まで及んだ。この場所での生物調査記録は、鳥類 155 種、大・中型獣類 40 種、両生類爬虫類 8 種、魚類 3 種、植物 471 種がいる。3 地点の昆虫調査では、それぞれ 127 種類と 91 種類と 19 種類と確認されていますが、3 カ所すべてで確認された種はなかった。7 種が 2 箇所で記録されており、複数の地域で見られてない種類が 230 種にもなり、現存の発見はまだ大峡谷地域での極めて豊富な生物多様性のうちの氷山の一角にすぎない。

　ヤルツァンポ大峡谷の南迦巴瓦峰の北側の魯朗はチベット語で「龍王谷」の意味をもつ。魯朗は海抜 3700 メートルで、林芝地区八一町から 80 キロほど離れた川蔵の道路にある。ここは典型的な高原山地湿原細長い地帯であり、長さ約 15000 メートル、平均幅約 1000 メートルである。両側の樹木が生い茂る山は低いところから高いところにかけて草むらと鬱蒼としたウンスギ、そして松の木で「魯朗林海」を形成している。中腹は全体が芝生で、渓流がくねくねと走っており、泉がサラサラと音を出し、芝生の上にはサクラソウ、シオン、シオガマギクなど非常に多くの野花で満たされている。木の垣根、橋が農牧民の村落に多く分布し、巧みに配置されて趣があり、美しいチベット南東の住居の景色を生み出している。ここは中国一美しい高山針葉樹林を残しているため、物が豊富である。隣接する交通要路によって、人間の活動が比較的頻繁であり、他の場所で見られる大中型の獣類が見られないが、鳥類、高原植物、昆虫の豊かさには影響を与えていない。ここでは中国の貴重な高原の鳥類、植物、昆虫の最高の場所であると言われており、6 〜 9 月の比較的温暖な夏と秋にピークを迎える。

　工布江達県の巴松錯、又の名を錯高湖、チベット東部の最大の堰止湖の一つで、湖面海抜 3469 メートル、長さ約 12 キロ、幅は数百メートルから数千メートルまでまちまちである。最も深いところで 66 メートル以上ある。総面積は 37.5 平方キロメートルである。

すでに記録されている鳥獣類は、ニジキジ（Lophophorus impejanus）、チベット
キジシャコ（Tetraophasis szechenyii）、シロミミキジ（Crossoptilon harmani）、オグ
ロヅル（Grus nigricollis）、オジロワシ（Haliaeetus albicilla）、ヒゲワシ（Gypaetus
barbatus）、イヌワシ（Aquila chrysaetos）、オオダルマインコ（Psittacula derbiana）、
ターキン（Budorcas taxicocor）、ブータンターキン（Budorcas whitei）、アカゴーラ
ル（Naemorhedus baileyi）、クチジロジカ（Przewalskium albirostris）、ジャコウジ
カ（Moschus berezovskii）、ヨーロッパヤマネコ（Felis silvestris）、ドール（Cuon
alpinus）など絶滅危惧種がいる。ここで機会があったら、インドミツオシエ（Indicator
xanthonotus）、チャムネヒタキ（arsiger hyperythrus）、チャノドチメドリ（Alcippe
ludlowi）、ムネアカノゴマ（Luscinia pectardens）など珍しい種の鮮明な写真を撮影で
きる。

すでに記録されている魚類は、チベット高原ジョウ（Triplophysa tibetana）、ラサ裸
裂尻魚（Schizopygopsis younghusbandi）、巨須裂腹魚（Schizothorax macropogon）、
後の2つはヤルツァンポ江流域特有で、面白いのはラサ裸裂尻魚だけがヤルツァンポの
大きなカーブより西に分布し、大峡谷の下流では発見できないということだ。巴松錯は
肌を刺すほど寒いが、勇敢なものは透き通って底まで見える水底に潜入して巨須裂腹魚
の魚影を観察すると良い。

すでに記録されている昆虫は 230 種あり、この地域特有で貴重な種類が多くある。
例えると、これ以外にも非常に珍しい種類を確認できる。例えば蜂のように速く飛行で
きるハチカミキリムシ（Necydalis sp.）、後ろ羽が不十分で 4000 メートルの高山の上
で生活しているフェンティアンニウ（Geinella nila）、頭部が長く、長い鬣のジュクーマ
オウシーツゥアン（Cornutrypeta sp.）、頭が小さく、猫背のシアオトウマン（Acrocera
sp.）、ミツバチにかなり似た形のヤーツァン（Pseudovolucella sp.）、などがある。特に
取り上げるべきなのはこの地区で記録したシアオトウマン（Zorotypus medoensis）で
あり、中国国内初めて危惧種の貴重な昆虫の生態写真と動画を撮影できた。

観測中に記録した植物は 295 種（蕨類及び未発見の花果の重要な木本植物も含む）
で、わずかな種の新たな記述、新分布を発見した。例えば、シーザンウーフフア（Adoxa
xizangensis）、ジェンフアルージエガオ（Meconopsis paniculata）などである。ヤルツァ
ンポ大峡谷には整った高山垂直自然帯分布を保持してあり、植物のタイプのほとんどを
中国の東から海南島までの全てに生息する種類を網羅している。

ヤルツァンポ大峡谷の探索は、ただのスタートにすぎない。我々が記録し、明らかに
した生態は、ヤルツァンポ大峡谷の豊かな多様な生物の一つの小さな窓に過ぎない。峡
谷のさらなる深いところではさらなる多くの未知の世界が人類による探索と発見を待っ
ているに違いない。

第三章 大峡谷の生物

ヤルツァンポ大峡谷の鳥

　ヤルツァンポ大峡谷と周辺の実地調査で11目34科100属155種の鳥類を記録した。そのうち、ヤルツァンポ大峡谷には117種、魯朗には63種、パソンツォ秋冬季には87種、夏季28種を見つけた。種類は充実して、気候は適当で、ヤルツァンポ大峡谷と周辺地区は、チベット地区で鳥の観察に最善の地域になる。

　南迦巴瓦～多雄拉山脈高山流石砂浜と高山草原は、ニジキジ、チベットキジシャコ、ベニキジ（Ithaginis cruentus）、ユキシャコ（Lerwa lerwa）など多くの珍しい高山雉类の繁殖地である。

　ニジキジは別名九色鳥、鑑賞価値がある珍しいヒマヤラ地区特有の鳥類である。羽が虹色で、金属光沢があるためその名を得たが、ベニキジ亜種の中で、色彩は最も鮮やかで、最も鑑賞価値がある。

　フェンホンシォンツァイ（Capella roseatus）、チベットウタツグミ（Brachypteryx stellata）、アオシギ（Gallinago nemoricola）など世間に知られない鳥類は、同様にこの場で繁殖する。特に珍しい植物花蜜を口に吸い込んで活きるムナグロタイヨウチョウ（Aethopyga ignicauda）は、氷川地帯に出没する。

　南坂の亜高山常緑の針葉樹林と半常緑広葉林の混ざりあっている海抜約3000メートルの地域には、東ヒマラヤを横断する特有の種、アリサンチメドリ（Alcippe ludlowi）、キクチニタキ（Tarsiger hyperythrus）のように、ハジロクロシメ（Pyrrhoplectes epauletta）が存在する。シラヒゲガビチョウ（Garrulax affinis）、タイワンコウグイス（Cettia major）、オオレリチョウ（Zoothera mollissima）などは同様にここに分布している。

鳥類

　北坂高山から亜高山常緑針葉樹林地域には、ハイイロカンムリガラ（Parus major）、シジュウカラ（P. monticolus）、アカエリシジュウガラ（P. rubidiventris）が見られ、キバシリ（Certhia familiaris）、ミソサザイ（Troglodytes troglodytes）なども同様によく見られる鳥種である。

　北坂はヤルツァンポ川河谷の地域近くに位置しており、この地は主にコウヨウカシで組成され硬葉常緑広葉樹林及び低い木も見られ、村落や田んぼなども数多く分布する。ここでは、ヒマラヤガビチョウ（Garrulax henrici）、クロジョウビタキ（Phoenicurus hodgsoni）、ノドジロジョウビタキ（P. schisticeps）、トラツグミ（Turdus albocinctus）などの鳥を常に見かけることができる。耕地と渓流付近では、キジバト（Streptopelia orientalis）、タカサゴモズ（Lanius tephronotus）、ランクーホンウェイジュ（P. rontalis）、シロボウシカワビタキ（Rhyacornis fuliginosus）、ノビタキ（Saxicola torquata）、タイリクハクセキレイ（Motacilla alba）などの鳥は多く。河谷の 村方には、非常に珍しいオガワコマドリ（Luscinia pectardens）がいる。

　群れを作るミドリテリカッコウ（Psittacula derbiana）は、ヤルツァンポ川沙洲に留まり、この種は中国では体型が最大で、世界で最高のオウムが分布してペット市場の需要によりを狩られている。

　大峡谷の山東ロン花海牧場の亜高山針葉樹林中に到着し、林の鳥を見るにはよい場所で、クマゲラ（Dryocopus martius）、ミドリテリカッコウ、ヤマムスメ（Urocissa flavirostris）、オオルリチョウ（Zoothera mollissima）、ノゴマ（Luscinia pectoralis）などの珍しい稀鳥類が活動している。

　チベット南東神湖巴松錯（パソン・ツォ）周辺には、多数の鳥類が同様に分布する。高山山林中には稀なベニキジ、チベットシロミミキジ、ベニハシガラス（Pyrrhocorax pyrrhocorax）、ズアカウソ（Pyrrhula erythaca）などの鳥類が見ることができる。ゴジュウカラ（Sitta nagaensis）、シラヒゲガビチョウ、アカエリシジュウガラ、ヒガラ（Parus dichrous）などの鳥類を常に見かけることができ、村付近は林があり、耕地と渓流鳥類が最多である。ヒマラヤガビチョウ、キジバト、シロガシラジョウビタキ、タイリクハクセキレイ、ムネアカイワヒバリ（Prunella strophiata）、コウザンマシコ（Carpodacus eos）、マミジロマシコ（C. thura）が存在する。巴松錯リゾートセンター兵舎を設営する場所では、夏の夜あけに大きい紫の胸オウムの群体の鳴き声を耳に入れることができ、小さい群はリゾートセンター付近の野生桜桃樹木に食べものを取りに来る。湖区周辺留鳥を代表するタカサゴモズ、トラツグミ（Turdus albocinctus）、ヒマラヤガビチョウ（Garrulax henrici）、コウザンマシコ（Carpodacus eos）などの鳥が、どの季節でも全ての種類を容易に観賞できる。湖区周囲にある針葉樹林では、ミユビゲラ、アカゲラ（Picoides tridactylus）などの鳥類が存在する。マガモ（Anas platyrhynchos）とアカツクシガモ（Tadorna ferruginea）などは、同様にこの一帯の水域周辺のありふれた水鳥である。

Lophophorus impejanus

漢名：棕尾虹雉（ニジキジ）

キジ科　ニジキジ属

■ 国家Ⅰ級重点保護野生動物
■ 非常に貴重なヤルツァンポ特有の鳥

とても珍しい喜馬拉雅山脈の特有の鳥類で、チベット南部及び南東部の海抜3000～4100メートルの針広葉の交わった林、針葉樹林、草むら、湿地などの地域にだけ分布している。ニジキジは又の名を九色鳥。体の羽毛を虹のような光沢をちらつかせることからこの名になった。大型キジ類に属し、オスは体長70センチほどで孔雀のように緑色の冠羽に頭部が緑色である。目の周辺に剥き出しの皮膚はシーブルー色である。首の後部と側部は銅色。背は緑青色。その他の体は紫青緑色。背の下部と腰部は白色。下半身は黒褐色にはっきりと茶白色の模様がある。尾は赤茶色。メスは少し小さく、全身の羽毛は褐色を主とし、黒模様や白模様が混ざっている。尾は赤茶色で黒色の横斑と白色の端斑がある。目の中の虹彩は褐色である。口元は褐色。足は黄緑から深緑色。ニジキジはネパールでも国鳥である。

鳥類

Ithaginis cruentus

漢名：血雉（ベニキジ）

キジ科　ベニキジ属

■ 国家Ⅱ級重点保護野生動物

ベニキジはとても美しいキジ類の1つで、その名の由来はオスの胸部、頚部と顔面が血で染まった羽毛であることから由来する。ベニキジの脚は赤色で、そこから「赤脚鶏」という俗称がある。ニジキジは中小型のキジ類である。オスの体長は37.6〜49.2センチ、体重450〜800グラム。メスの体長は37〜44センチ、体重410〜750グラム。主に中国の青蔵高原東部から甘粛の祁連山と陝西の秦嶺山脈に分布し、中国西部と南西部の留鳥である。普段は雪線付近の針葉樹林、混合林や灌木林で活動している。夏は比較的高い場所を好み、秋と冬は雪線へ下がって移動する。メスの羽毛は薄暗い赤茶色である。オスとメスの目の周辺に羽毛はなく緋色の皮膚がある。中国のベニキジは多くの亜種がおり、ヤルツァンポ大峡谷地域のベニキジの亜種は胸が全て赤く、色彩が艶やかで、最も美しいベニキジの亜種である。

Crossoptilon harmani

漢名：藏馬雞（シロミミキジ）

キジ科　ミミキジ属

■ 国家Ⅱ級重点保護野生動物

シロミミキジは青蔵高原南東部特有の珍しいキジ類であり、主にチベット境界内の喜馬拉雅山北東の麓と念青唐古拉山脈に分布し、大型のキジ類で、成体の体調は96cmほどある。体は紺色で、背部と腹部の色は薄く、頭頂は黒色の短い羽毛が密にあり、目の周りは赤色の裸の皮膚で、頬部は白色の羽毛である尾羽は平たく、深い紺色である。オスメス容姿が似ており、オスの体長は69〜100センチ、体重1017〜3000グラム。メスの体長は73〜102センチ、体重1250〜2050グラムである。南西地区の留鳥で、主に海抜3000〜4000メートルの山地の低木と針、広葉樹林の混合林に生息している。シロミミキジは群で活動しており、群れの中の一番強いオスがリーダーとなり、度々辺りを見回し、警戒心は高く、危険を見つけるとすぐに鳴き、高台へ逃げる。

21

Tetraophasis szechenyii

漢名：四川雉鶉（チベットキジシャコ）

キジ科　キジシャコ属

■ 国家Ⅰ級重点保護野生動物

チベットキジシャコは中国特有の種で、主に青蔵高原東部から中国中部に分布する。体長は約50センチで、羽毛が黄色で、喉が白色の縁で、目の周りはスカーレット色の裸の皮膚である。彼らの主に海抜3500〜4500メートルの針葉樹林、高山ホトトギス低木と林線以上の岩石ツンドラ地帯に生息し、冬は3500メートル以下の混合林と林縁地帯で活動している。チベットキジシャコは鳴くのがとても好きで、通常は明け方に鳴き始め、1匹が鳴くと誘発して群全体が鳴く。大霧か雨、雪の時になりそうになるといつも、彼らはきまって鳴き声を頻繁にする。なぜなら現地の人が常に「羊角鶏は叫ぶ、曇りではない雨だ」と。ここの「羊角鶏」はホトトギス低木にいるチベットキジシャコのことである。

Lerwa lerwa

漢名：雪鶉（ユキシャコ）

キジ科　ユキシャコ属

ユキシャコは主に喜馬拉雅山山脈、青蔵高原から中国中南部に分布する。成体は体長35センチほどで、灰色の胴体に、頭、頸は黒色に白色の細長い模様が間にあり、腹部及び両翼に茶色の模様、クチと脚は赤い。海抜2900〜5000メートル以上の高山湿地及び砕石地帯に生息する。主に植物を食し、同時に昆虫も食す。ヤルツァンポ大峡谷周辺の山林地帯でこの種の鳥類を見ることができる。

鳥類

Grus nigricollis

漢名：黑頸鶴（オグロヅル）

ツル科　ツル属

■ 国家Ⅰ級重点保護野生動物
■ 世界で唯一高原で生活する鶴

オグロヅルは世界で唯一高原で生活する鶴類で、世界で15種ある鶴の中一番遅く見つかった種である。オグロヅルの分布区域は狭く、中国特有の珍しい鳥類で、青蔵高原と雲貴高原にしかいない。夏は青蔵高原で繁殖し、冬は中国西南部の雲南、貴州などに移動し冬を越す。オグロヅルの体毛は灰白色で、頭頂の皮膚は真っ赤で、ちらほら発状羽がある。目の下と後ろに小さな白色か灰白色の外斑があり、頭の残りの部分と首の上部の約2/3は黒色で、ここからオグロヅルと言われるようになった。彼らは海抜2500〜5000メートルの高原に生息し、通常は沼地、湖及び河原など湿地環境で生活している。チベットの南東地域でオグロヅルは工布江達県巴松錯でよく見かける。生息地の縮小と人間の活動影響で、現在全世界のオグロヅルは7000羽ほどになってしまっている。オグロヅルは極度の絶滅危惧動物である。

Indicator xanthonotus

漢名：黄腰響蜜（インドミツオシエ）

ミツオシエ科　ミツオシエ属

■ 中国境界内滅多にない影像資料の希少な種

ミツオシエは小型攀禽の1つで、ホトトギスの托卵の行為がある。ミツオシエはミツバチと蜜蝋が大好物で、蜂の巣を見つけると、他の動物に蜂の巣を粉砕するように誘い込み、食べ物を共有する。オスの眉、頭頂及び頬は黄色で、腰、背の部分は鮮やかな黄色及び3列風切は白色の特徴を識別できる模様がある。下半身は白色で濃い色の縦模様がある。メスは色が深く、頭部は黄色なのは比較的少ない。ミツオシエの主にアフリカに分布し、アジア南部に4属24種いる。中国ではかつていないとみなされており、数十年前にチベットのクスノキでインドミツオシエが記録された。中国に生息する彼らは消極的に分布し、稀に喜馬拉雅山山脈も南の海抜1450～3500メートルの温帯森林の中で見られる。2010年以前の中国にこの種の明瞭な写真がなかったが、2010年秋、チベット生物影像調査の観測員がヤルツァンポ川の乾熱河谷地帯の蜂の巣で発見され、中国でこの種の最初の明瞭な写真と影像が記録された。

鳥類

Tarsiger hyperythrus

漢名：棕腹林鴝（チャムネヒタキ）

ヒタキ科　ヒタキ属

■ 高原で稀に見る小型の鳥

体長約14センチで、紺色及びオレンジ色の羽毛をしている。オスの上半身はダークブルー色で、額、眉、肩及び尾羽は艶やかなシーブルー色である。側頭部は黒色で、下半身は褐色の入ったオレンジ色である。メスの上半身は赤いオリーブ色で、腰及び尾羽はラピスラズリ色で、尾の縁は黒青色で、下半身はオリーブ色で両脇及び臀部に茶色がついてあり、胸の中央に褐色、尾羽の下部分は白い羽で覆われている。中国ではヒマラヤ山脈東部に分布し、チベット南東部及び雲南の西部の果てで繁殖するため、滅多に見られない。

Zoothera mollissima

漢名：光背地鶇（セアカトラツグミ）

ヒタキ科　ツグミ属

体長が少し大きい（26センチ）ツグミ。上半身は全身赤褐色で、外側の尾羽は白く、ライトカラーの目の周りははっきりしており、翼部分は白い斑点で飛ぶ際にはっきりしている、しかし停止している際は露呈しない。尾が短いため尾の長さで区別でき、胸に鱗状の斑模様と不揃いの黒色の横紋があり、翼の横紋は比較的狭く、暗い色をしている。中国ではチベット、四川、雲南などの地に分布し、通常海抜2700～4000メートルも林線以上の低いキツツキ低木の岩石地及びむき出しの岩の崖に生息している。チベットの南東部の留鳥であるがよく見かけない。

25

Alcippe ludlowi

漢名：路氏雀鶥（アリサンチメドリ）

ウグイス科　チメドリ属

体長は約12センチで、頭部はチョコレートの褐色で、側頭部と後頭部は赤い。セスジガビチョウに似ているが、喉が白い帯に深い縦模様か灰色の帯に深い縦模様がある。ノドジロチメドリに似ているが、白い眉線及びその上の黒褐色の模様が無い。オスメス共に同じ色である。チベット南東部に分布し、海抜2100～3355メートルの竹林の密林地及びホトトギス林に小さな群れを作り、警告時に鳴き声をあげる。この種の鳥は大峡谷でよく見られる鳥で、チャンスがあれば深い大峡谷の深林でこの種の鳴き声が素晴らしい小鳥に出会える。

Pyrrhoplectes epauletta

漢名：金枕黒雀（ズアカクロマシコ）

アトリ科　スズメ属

体長は15センチで、オスの体毛は黒色で、頭頂及び頸の背は鮮やかな金色で、肩部に金色の輝き煌く塊の模様があり、明らかな特徴として3列風切の上が白色の羽毛で、矢印状にある。メスは両翼及び下半身が暖褐色で、上の背は灰色で、頭部はオリーブ及び灰色である。主に中国の南西、青蔵高原南東部に分布する。夏は海抜2000～5000メートルの森林の下の木と竹の草むらに生息し、広葉樹林の林の中で暮らすのが好きで、時に農家の野菜畑で見かける。ヤルツァンポ大峡谷でこの種はよく見かけない。

鳥類

Capella nemoricola

漢名：林沙錐（モリジシギ）

シギ科　ジシギ属

■ 唯一高い海抜で繁殖する水鳥

モリジシギは唯一高い海抜で繁殖する水鳥である。体長は31センチで、背部はダーク色で、顔は白色の模様があり、胸に茶黄色と褐色の横斑があり、下半身は白く褐色の細い斑がある。他のジシキとは色彩が比較的深く、緩やかに空を飛び、形がコウモリであるところから区別できる。彼らは海抜5000メートルの高山湿原及び低木の中の沼地や水たまりで生活している。全世界で危急種であり、数が非常に少ない。TBISのヤルツァンポ大峡谷で夏に観測した際に、海抜が赤い氷河が溶けた湿原の沼地の区域で、観測隊がこのモリジシギを発見した。

Aethopyga ignicauda

漢名：火尾太陽鳥（アカオタイヨウチョウ）

タイヨウチョウ科　タイヨウチョウ属

■ 非常に高い海抜の熱帯の鳥

体長20センチで、羽毛は色彩が艶やかである。オスは赤く、鮮やかなオラウータンの赤色が中央の尾羽がある。頭頂は金の青色で、眼先と側頭は黒色で、喉及び腮は金の紫色である。下半身は黄色で、胸部は鮮やかなオレンジ色の塊の模様がある、メスは灰色かかったオリーブ色で、腰部は黄色、体型はオスよりかなり小さい。中国のチベット、雲南などに分布し、国外だとネパール、インド、ミャンマーなどまで分布する。この熱帯の鳥は海抜2000～3000メートルの間の山地、谷間、村落付近に自生する広葉樹林、花咲いた低木に生息し、時には芭蕉の木の上で見つけることがある。花の蜜を吸って生きており、垂直に移動する渡り鳥によく見られる。TBISのヤルツァンポ大峡谷で夏に観測した際に、観測隊が海抜4000メートルでこの熱帯鳥を見つけ、高所でこの鳥が生活する記録が過去の記録で稀有である。

Luscinia pectardens

漢名：金胸歌鴝（ムネアカノゴマ）

ヒタキ科　ノゴマ属

体長14.5センチの中国特有の鳥である。オスは腹部が汚れた白の色で、胸及び喉は鮮明な赤オレンジ色で、頸の横は青白い斑点模様がある。上半身は薄い青に灰色の褐色で、両翼及び尾は黒い褐色で、頭側及び頸は黒色である。尾の根元は白く煌く模様がある。メスは褐色で、尾には白く煌く模様がなく、下半身はオークル色で、腹の中心は白色である。雛は深い褐色で多くの点の模様があり、尾は白くない。四川西部に分布し、チベット南東部の海抜3000～3500メートルで過ごしている越冬している可能性がある。TBISヤルツァンポ大峡谷夏季観測隊が雅江河谷地帯で滅多に見られないこの鳥を写真に収めた。

Psittacula derbiana

漢名：大紫胸鸚鵡（オオダルマインコ）

インコ科　インコ属

■ 国家Ⅱ級重点保護野生動物

体長22～36センチで、赤い嘴に、緑の背、世間ではオウムの兄貴と言われている。胸部、腹部、翼の下部、腿の部分が浅いまたは灰色の青紫色である。中国南西部に分布し、1250～4000メートルの山の森林で暮らし、時たま村の田んぼに餌を求めやってくる。主な食べ物は植物の種、フルーツ、液果、栗、花、花の蜜などである。人の言葉を学ぶのに長けており、ペットとして需要があるため、深刻な乱獲にあっている。現在、野生の数が年々減っている。TBISヤルツァンポ大峡谷夏季観測隊が雅江河谷の砂州で約70羽のオオダルマインコの群れを見つけた。夏にオオダルマインコが雅江河谷の砂州で生息している科学資料が少なく、もしかしたら河谷の砂州の近くの植物を求めにやって来たのかもしれない。

鳥類

Tadorna ferruginea

漢名：赤麻鴨（アカツクシガモ）

カモ科　ツクシガモ属

大型サイズ（63センチ）でオレンジ栗色のカモである。頭の皮膚は黄色く、外見は雁に似ている。オスは夏になると頸が狭い黒色になる。飛行時白色で覆われた翼及び銅の緑色の翼がはっきりと確認でき、アカツクシガモはオスメス変わらず体がオレンジ色であり、嘴と脚は黒色である。世間では黄鴨、喇嘛鴨と呼ばれている。世界の屋根の高原湖から平原地区の湿地、沼地で彼らの形跡が見られる。山地区の小川や大きな水溜り、砂丘ひいてはオアシスのゴビ砂浜がアカツクシガモの活動範囲である。穀物、水生植物、昆虫、エビカニ、軟体動物、小魚などを食している。チベット南東部の湖、河川でよく見られ、巴松錯などの地で彼らの足跡が見られる。

Anas platyrhynchos

漢名：緑頭鴨（マガモ）

カモ科　カモ属

中型サイズ（58センチ）のアヒルの野生型である。オスの頭及び頸は深緑色の光沢に、白色の頸と栗色の胸に分けられる。メスは褐色の斑に深い色の貫眼紋である。比較的メスは尾長鴨より尾が短く鈍く、オカヨシガモより体が大きく翼の紋章が違う。マガモは中国国内に広く分布し、チベット南東部の湖、水溜り、河川に多く分布する。彼らは群れを作って活動し水辺の草むらの中及び木の洞穴などに巣を作る。巴松錯の辺浪溝でこの鳥をよく見かける。

第3章 大峡谷の生物

Mergus merganser

漢名：普通秋沙鴨（カワアイサ）

カモ科　ウミアイサ属

大型サイズ（68センチ）で、魚を食すカモである。俗名は潜水鴨、拉拉他鴨子、大鋸嘴鴨子、魚鉆子、秋沙鴨である。細長い鍵のような嘴である。繁殖期、オスの頭及び背が黒い緑に光沢のある乳白色の胸部と下半身になる。飛行時、翼は白く、3列風切の羽は黒い。メス及び繁殖期でないオスの上半身は深い灰色で、下半身は浅い灰色、頭は茶褐色で、喉は白色。体毛にフサフサの副羽があり、比較的中国のウミアイサは短いが、厚い。飛行時2列風切の羽は全て白色で、ウミアイサには黒い模様がない。中国各地に広く分布しており、海、淡水湖、森林地区の河川の周辺、湖、水溜り、河川、及び港でよく見られる。湖や水の流れの速い河川で群れを作っての活動を好む。潜水して魚を捕まえる。カワアイサはよく見かける渡り鳥である。

Picoides tridactylus

漢名：三趾啄木鳥（ミユビゲラ）

キツツキ科　キツツキ属

中型サイズ（23センチ）の黒白のキツツキである。主に「体毛は主に黒色で、白い模様がある。オスの頭頂の羽の端は黄緑色に色んな模様が施してある。メスは頭頂が黒く、羽の端は縫ったような白色に色んな模様が施してある。第3、第2趾は前を向いているが第1趾は後ろを向いている」このような特徴で識別する。喜馬拉雅山脈の海抜2000～4300メートルの針葉樹林、混合樹林及び北の低地に生息し、チベット南東地域でよく見かける渡り鳥である。鬱蒼としたウンスギやカバノキ林で彼らの姿が見られる。

鳥類

Dryocopus martius

漢名：黒啄木鳥（クマゲラ）

キツツキ科　クマゲラ属

体長46センチの全身黒のキツツキである。嘴は黄色で頭頂が赤く、メスは後ろ部分だけが赤く、とても容易に識別できるキツツキである。もし森林で一羽の嘴が長く全身黒く頭頂だけ赤いキツツキがいたら、それはきっとクマゲラである。中国の北西、北東、南西の地域に分布している。彼らはチベット南東部の亜高山の針葉樹林におり、本土の渡り鳥である。主食はアリで、食べる際大きな穴を掘る。

Picus canus

漢名：灰頭緑啄木鳥（ヤマゲラ）

キツツキ科　アオゲラ属

中型サイズ（27センチ）の緑色のキツツキである。識別する特徴としては下半身に頬と喉が灰色である。オスの頭頂の前はスカーレットで、眼の先と狭い頬は黒の模様がある。後頭部及び尾は黒色であり、身体の羽毛全体は緑である。メスの頭頂の前は灰色に赤い模様はない。嘴は短く鋭くない。彼らはよく森林で高らかに鳴き声をだし、その鳴き声は人の高い声の笑いにかなり似ており、この「笑い声」はヤマゲラの独自のもので、重要な見分ける特徴である。中国大陸及び台湾に広く分布している。彼らは臆病であり、小さな林、林の端におり、大きな林でもいる。時々下に行ってはアリを捕食する。分布範囲は広いが稀にしか見かけず、時々都市の林の中で彼らの姿を見かけることができる。

31

Columba leuconota

漢名：雪鴿（ユキバト）

ハト科　ハト属

大型サイズ（35センチ）のハトである。羽の色はユリカモメに似ている。頭は深い灰色。頸と背の下部、下半身は白色。背の上部は褐色の灰色。腰は黒い。尾は黒く、真ん中の部分に帯状に白色の線。翼は灰色で、黒色の横縞がある。ユキバトはチベット南東地域の渡り鳥で、海抜3000～5200メートルの適合環境下で見られ、中でも喜馬拉雅山脈の比較的じめじめとした地域で小さな群れを作って生活している。高山の草原、断崖絶壁の雪原の上空を滑空する。

鳥類

Can Cuculus orus

漢名：大杜鵑（カッコウ）

カッコウ科　カッコウ属

俗称は布谷鳥で、上半身は灰色で、尾は黒く、腹部に近い部分は白く黒い横斑がある。「赤茶色」に変異したメスは茶色で、背が黒の横斑である。雛の枕部分は白色の斑点がある。彼らは広林地で生息し、特に水の近くにおり、毎年春の終わりから夏の初めの明け方、カッコウは「クルックー、クルックー」と鳴き、人々に「春が来たぞ、田んぼを耕す季節が始まったよ」と告げる。

Collocalia brevirostris

漢名：短嘴金絲燕（ヒマラヤアナツバメ）

アマツバメ科　アナツバメ属

サイズが少し小さい（14センチ）の黒に近い色のアナツバメである。両翼は長く丸みを帯びており、尾は少し叉の形である。腰部の色は異なり、浅い褐色から灰色まであり、下半身は浅い褐色で少し深い色の縦紋がある。脚は少し羽で覆われている。彼らはチベット南東部に分布し、華中などの土地で繁殖し、冬はタイに飛び越冬する。群れを作り、素早く高山の峰を飛行できる。岩の崖に蘚苔でできた巣を作る。アマツバメ科の種は世界でもっとも飛行スピードが速い鳥類の1つである。

Apus pacificus

漢名：白腰雨燕（アマツバメ）

アマツバメ科　アマツバメ属

少し大きいサイズ（18センチ）の汚れた褐色のアマツバメである。腰が白いのが特徴である。尾は長く、下顎は白く、腰上に白の斑がある。アマツバメは中国に広く分布する渡り鳥である。彼らは広く広がった地域に群れを作り、よく他のアマツバメと共にいる。クロビタイハリオアマツバメより遅く、食事の際不規則に翼を振り、曲げる。

Upupa epops

漢名：戴勝（ヤツガシラ）

ヤツガシラ科　ヤツガシラ属

間違えのない中型サイズ（30センチ）で、色彩が鮮明な鳥である。長く鋭い黒色の扇状の橙黄褐色の冠羽がある。頭、背の上部、肩、下半身は橙黄褐色で、両翼と尾に黒白が交互になった横縞模様である。嘴は長く、下に曲がっている。頭頂の冠羽、両翼の黒白の横縞模様、茶色の羽毛は見分ける重要な特徴である。ウイグル西部、東北、台湾、海南などの地に広く分布している。ヤルツァンポ川の支流の林芝県の尼洋川の流域でよく見られる。中国の絵の中でヤツガシラは細密画法や写意でよく見られる鳥で、ヤツガシラはイスラエルの国鳥である。選ばれた理由は綺麗で、職務を果たし責任を尽くし、自分の後世によく世話をすることからである。

Columba hodgsonii

漢名：點斑林鴿（ゴマフバト）

ハト科　ハト属

中型サイズ（38センチ）の褐色で灰色のハトである。翼は羽で多く覆われており白い点がある。他のあらゆるハトとの区別としては頸部分の羽毛の形が長く端が輪であり、体の羽は金属の光沢がない。頭は灰色で、背の上部は紅紫色で、下部は灰色である。中国本土の渡り鳥である。海抜1800～3300メートルの亜高山の岩が多い崖の壁の森林にいる。三三五五か小さな群れを作って活動する。基本的に木に生息し、危険が迫ったら動かなく、逆さまになる。

Streptopelia orientalis

漢名：山斑鳩（キジバト）

ハト科　キジバト属

中型サイズ（32センチ）のピンク色の斑があるハトである。カノコバトと区別するには頸の側に鮮明な黒白の横縞模様の斑点である。上半身の深い色の扇に斑模様があり、体毛の端は茶色で、腰は灰色で、尾羽は黒色で、尾の先は浅い灰色である。下半身の多くにピンク色、脚は赤い。シラコバトとの区別としては大きいかである。キジバトは中国の渡り鳥で、彼らは単独行動をし、広く広がった農耕地、農村やその屋根、寺院の周り、小さな用水路の近くにおり、地面で食べ物を取って生活している。

鳥類

Streptopelia tranquebarica

漢名：火斑鳩（ベニバト）

ハト科　キジバト属

小型サイズ（23センチ）の灰褐色のキジバトで、ハト科で比較的小さい種である。特徴は頸の後部の黒色の帯で前は白いことである。オスの頭部は青灰色で、下半身は灰褐色で、翼は黄茶色の羽で覆われている。1列風切は黒く、青灰色の尾羽と外側の尾の端は白色である。メスの色は比較的浅く暗い。頭は茶色で、羽は赤色が少し少ない。中国大部分の地域に分布し、つがいか群れを作り活動し、キジバトやカノコバトと混合の群れで活動する時もある。電線の上や高い枯れ枝に生息するのを好む。飛行は速く、「フーフー」の羽ばたき音を立てる。

Tringa tetanus

漢名：紅脚鷸（アカアシシギ）

ヤマシギ科　シギ属

中型サイズ（28センチ）で、脚が赤く、嘴の基部が赤い。上半身は灰褐色で、下半身は白色で、胸に褐色の縦縞がある。赤い脚のツルシギと比べて体は小さく、小さく太っており、嘴が比較的に短く厚く、嘴の基部がもう少し赤い。飛行時腰部の白色が鮮明に見え、2列風切の羽は端が白く分かる。尾の上に黒白色の斑紋がある。中国西部（ウイグル、甘粛、青海）、チベット南部、南東沿海に分布し、広東、台湾、海南島などの地で冬を越す。泥の岸、浜辺、塩田、干上がった沼、生け簀、近海の稲田を好み、時たま内陸で出現する。海岸、大河、浮洲、河辺、沼地で捜し、エビや魚、昆虫などの小動物を食べる。

Ibidorhyncha struthersii

漢名：鷸嘴鷸（ミヤコドリ）

チドリ目　ミヤコドリ科

最大体長（43センチ）、灰、黒、白色をしている。脚と口が赤く、嘴が下に曲がっているのが特徴である。白と黒色がベースで胸の上部分はボーダーで灰色、下部は白色となっている。翼の下は白く、翼の中心は白色の斑点がある。雛の時は黄色いうろこ状の皮で黒色があまり目立たない、脚と嘴付近はピンク色である。ヒマラヤ山脈に分布しており、生息海抜は1700〜4400メートルの間の岩がたくさんあり、川の流れが速いところに生息する。アピールする時は体勢を低くして、頭を前に出し、黒色の頭頂部を見せる。ヤルツァンポ江辺、河辺に、見ることができる。

35

第3章　大峡谷の生物

Larus ichthyaetus

漢名：漁鷗（ツバメチドリ）

ツバメチドリ科　ツバメチドリ属

最大体長（68センチ）背中が灰色の鳥である。頭は黒色で嘴は黄色い、目の周りは白く、ユリカモメに似ている、嘴は厚く色鮮やかである。体型はセグロカモメと同じくらいか、またそれより大きい。羽根は白く、目の周りには暗い斑点がある。大型の湖で見られる。繁殖は青梅東部の青梅湖と擺陵湖及び、内モンゴル西部で行う。新疆ウイグル自治区の西部、四川、甘粛、雲南、チベット及び珠江沿い港を渡る。冬に香港で見られることもある。生活は三角洲でしている、内地海域及び、平原湖にいる。多くを水上で休息する。魚などが餌の主である。

Larus ichthyaetus

漢名：漁鷗（ツバメチドリ）

ツバメチドリ科　ツバメチドリ属

（左図）繁殖期のヒメカモメ（羽毛はいつもとは違う）

Sterna hirundo

漢名：普通燕鷗（ヒメカモメ）

カモメ科　ヒメカモメ属

大きさは比較的小さめで、最大体長（35センチ）、頭頂部が黒色のヒメカモメ。尻尾は外に広がっている。繁殖期；頭頂部のすべてが黒色になり、胸は灰色になる。非繁殖期；翼の上部分と背中が灰色で、尻尾の上に羽が覆いかぶさっている、腰および尻尾は白色で、額も白い。頭頂部は黒色で白い斑点がある、頸髄に沿った背中が一番くろい、体の下側は白色となっている。飛行時、非繁殖期に翼の前に近いところに黒色の横模様ができる、外側の尾羽は緑に近い黒色である。冬は体の上部分が褐色になり、背中の上はうろこ状の斑点ができる。これは夏によく見られる繁殖期の鳥である。中国大陸北部、中部、青梅、チベットで繁殖をする。華南および東華、中国台湾および海南島を渡っている。

鳥類

Tachybapus ruficollis

漢名：小鸊鷉（カイツブリ）

カイツブリ科　カイツブリ属

体は小さく（27センチ）の深色の鳥である。繁殖期：喉および頸が赤くなる、頭頂部および背中は深灰褐色、体の上部分は褐色で下部は灰色になり、嘴は黄色く変わる。非繁殖期：体上部分は灰褐色でした部分は白色である。

Phalacrocorax carbo

漢名：普通鸕鷀（ハジロカイツブリ）

カイツブリ科　カンムリカイツブリ属

最大体長（90センチ）、水老鴉、魚鷹とも呼ばれている。黒光りしていて、嘴は厚く重い、顔の頬および喉は白色である。繁殖期、頸および頭が白色の糸状の線が入り、両脇には白い斑点ができる。亜種：深褐色、体の下側は白く濁っている。泉水が得意で、水の中に長くいることができ、魚を捕獲する。いつもは川と沼にいる、常に低く飛び、水面に近い。飛行じ頸と脚は一直線である。

Bubulcus ibis

漢名：牛背鷺（ダイサギ）

サギ科　ダイサギ属

体は小さめで、最大体長（50センチ）の白色の鳥。夏には大きな翼が乳白色、頭、頸、嘴はオレンジ色；前頸部分はオレンジ色の羽があり、長い羽は全部落ちる、嘴は黄色く、頭頂部まで少し残る。ダイサギは世界でも唯一魚を捕食せずに昆虫を食べる。彼らはいつも牛といる、牛の背中の上や牛の後ろにいることを好む、牛が穴を掘った時に出る昆虫もしくは背中にいる寄生虫を食べる、そのため「牛背鷺」と名付けられた。ヤルツァンポ大峡谷の農村田地にいる、牧場では牛とダイサギがいるところが見られるが、決して滅多に見れるものではない。

Ardea cinerea

漢名：蒼鷺（サンカノゴイ）

サギ科　サギ属

体は大きく、最大体長（92センチ）の白色、灰色、および黒色の鳥である。成鳥は目の周りおよび冠羽が黒色で、飛羽、翼の角および両胸は黒色の斑らがある。頭、頸、胸および背中は白色で、頸には黒色の線状の毛用がある。小型のエビ、昆虫などを食べる。中国に広く分布されている。湖の上で飛んでいる姿がよく見られる。

Aquila chrysaetos

漢名：金雕（イヌワシ）

タカ科　イヌワシ属

大型サイズ（85センチ）の濃い褐色のワシである。頭は金色の羽冠があり、嘴は巨大である。飛行時腰部に鮮明に白色が見える。尾は長く丸い。両翼は浅くVの形をしている。カタシロワシとの区別は肩に白色があるかないかである。アジアで成長した彼らの翼には白色の縞模様に尾の根元が白色をしている。イヌワシは草原、荒漠、河川で生活し、特に最高到達海抜4000メートル以上の高山の針葉樹林にいる。イヌワシは本地区の渡り鳥で、彼らの性格は獰猛で力強く、大型の鳥類や小型の動物を食す。彼らの爪はまるで強靭な短刀のようであり、獲物を捕えた後、爪で獲物の急所を刺し、肉を引き裂き血管を切り、はては獲物の首をねじ切る。翼を広げると2メートルになる巨大な翼は彼らの武器の1つであり、ある時に翼を一振りすると獲物をノックダウンさせることができる。

鳥類

Gypaetus barbatus

漢名：胡兀鷲（ヒゲワシ）

タカ科　ヒゲワシ属

大型サイズ（110センチ）の皮黄色鷲であり、ヒゲワシとも言われ、大型の猛禽類である。頭は黒色の粗い貫眼紋と灰色の白色の頭の対比である。下半身は黄褐色で上半身は褐色で黄色の縦縞がある。ヒゲのようなフサフサしたものが生えており、成長すると目の周りに赤色がむき出しになる。飛行時両翼は尖ってまっすぐであり、楔形の長い尾がこの種を見分ける特徴である。彼らの名前の由来は嘴の下の黒い髭からである。彼らの大好物は「骨を食べる」である。彼らはよく空中で旋回し、羊の群れや家禽を撹乱し、動物が崖の上でひっくり返って怪我を負って、冬に凍死するのを待ち、小型の獲物や比較的大きい獲物の骨を咥え、大きな岩の上に落とし粉々になった後に食す。ヒゲワシの羽毛は同じものがなく、自由に生活するヒゲワシは鉄を含む水中で洗った後羽毛の色が変化する、白色の部分は鉄サビで色が変化しており、隠れ身の効果がある。アジアで成長したモノは深い色で、5年で完全に成熟する。ヒゲワシの寿命は40年である。彼らは海抜500〜4000メートルの岩肌がむき出しの山地におり、中国のほとんどの地域に分布する。

Gyps himalayensis

漢名：高山兀鷲（ヒマラヤハゲワシ）

タカ科　ハゲワシ属

■ 国家Ⅱ級重点保護野生動物

大型サイズ（120センチ）の浅土の黄色のワシであり、大型の猛禽類である。下半身は白色の縦縞で、頭及び頸は白色の産毛に、黄色のふわふわとした襟羽がある。1列風切の羽は黒い。アジアで成長したモノは深い褐色で、羽軸は浅い色に細い模様がある。成鳥の一般の色は比較的浅く、下半身は縦縞が少し少なく、幼鳥は深い色である。主に中国の北西、南西地域に分布し、喜馬拉雅山脈の地域、青蔵高原、中国西部及び中部の海抜の高い環境下で生息し腐った肉を食べているのがよく見られる。ヒマラヤハゲワシは世界で高く飛べる鳥類の1つで、世界のエベレストの上を飛行でき、最高高度は9000メートル以上である。主に腐った肉を好み、一般的に攻撃のしない動物である。彼らの視覚と嗅覚はとても敏感で、空高いところからも動物の死体やその匂いが分かる。時に食べ物を争う際に攻撃をする。

Accipiter nisus

漢名：雀鷹（ハイタカ）

タカ科　ハイタカ属

■ 国家Ⅱ級重点保護野生動物

中型サイズ（オス：32センチ、メス：38センチ）で翼の短い鷹である。小型の猛禽類に属す。オスの上半身は灰色の褐色で、白色の下半身にオレンジ色の横縞があり、尾に平縁がある。頬はオレンジ色である見分ける特徴がある。メスは比較的大きく、上半身は褐色に下半身は白色で、胸と腹部、脚に灰色褐色の黄斑があり、喉に線はなく、頬のオレンジ色は比較的少ない。ハイタカは針葉樹林、混合樹林、広葉樹林などの山地の森林や林の端に生息し、よく見られる森林の鳥である。生息地からの「待ち伏せ」、飛行中に捕食するのを得意とする。彼らの飛行能力は高く、速度もかなり早く時速数百kmに到達する。そして軽快に飛び、巧妙に木の間を華麗に飛び回る。通常は快速に煽って飛び、しばらく後に続けて滑空する。主に昆虫やネズミ類などを食し、ハトやキジなどの少し大きな鳥類や野兎、ヘビなどをも捕食する。

Buteo hemilasius

漢名：大鵟（オオノスリ）

タカ科　ノスリ属

■ 国家Ⅱ級重点保護野生動物

大型サイズ（70センチ）の茶色のノスリであり、巷では老鷹、花豹の俗称で大型の猛禽類である。いくつか色がある。比較的に大きく、尾に白色に横縞があり、足は深い色で、2列風切の羽の下方は白色の斑点がある。尾は褐色で茶色ではない。オオノスリは山地、山麓の平原や草むらなどの地域に生息し、高山の林の端や広い山地の草原と荒漠地帯に出現し、4000メートル以上の高原や山に分布する。彼らは普段単独か小さな群れで活動する。飛行時の両翼は比較的緩やかに煽り、昼の温かい時には空中を、円を描くように旋回している。主にカエル、トカゲ、野ウサギ、ヘビ、ネズミウサギ、ジリス、マーモット、キジ、ヤマウズラ、昆虫などの動物性の食べ物を好んで食べる。オオノスリはヘビ捕獲の達人であり、捕まえた後300メートル以上の空中に飛び立ち、蛇を地面に落とし、その後急降下し、捕まえては再び高く飛び立ち落とす。これを何回か反復し、ヘビの抵抗力を失った後、オオノスリのご馳走にありつける。

鳥類

Falco tinnunculus

漢名：紅隼（チョウゲンボ）

ハヤブサ科　ハヤブサ属

■ 国家Ⅱ級重点保護野生動物

小型サイズ（33センチ）の赤褐色の隼で、小型の猛禽類である。オスの頭頂と首の後ろは灰色で、尾は青い灰色に横斑、上半身は赤褐色で黒の横斑が少しあり、下半身は黄色で黒色の縦縞がある。メスは少し大きく、上半身は全て褐色で、オスより少し赤褐色で多くの粗い横斑がある。中国の広くに分布しており、よく見られるハヤブサ科の動物であり、彼らは山地の森林、森林のツンドラ、低山の丘陵、草原、野原、森林の平原、農村の耕地、村落の付近などに生息している。チョウゲンボは空中飛行の姿勢がとても優雅で、捕食の時ぐうたら旋回した後上品に空中で止まり、目標をロックし、両翼をたたみ、急降下し一直線に獲物に向かい捕え、再び突然空高く急上昇し空高く飛ぶ。主に両生類、小型の爬虫類、小型の鳥、小型の哺乳類などを食べる。

Falco cherrug

漢名：獵隼（セーカーハヤブサ）

ハヤブサ科　ハヤブサ属

■ 国家Ⅱ級重点保護野生動物

大型サイズ（50センチ）で胸部が厚い浅色のハヤブサで、大型の猛禽類である。首の後ろが白く、頭頂は浅い褐色である。目の下に不鮮明な黒色の線があり、眉に白の紋がある。上半身は褐色に横斑が少しあり、翼端は深い褐色との対比である。尾は狭い白色の羽である。下半身は白く、翼の下に黒色で細かい紋が入っている大きな覆われた羽がある。翼はハヤブサより形が丸く色が浅い。雛に上半身は褐色で深く濁っており、下半身は黒色の縦紋で覆われている。セーカーハヤブサは山地、丘陵、河川、山麓の平原地帯に生息している。単独行動をし、飛行速度は比較的早く、木があまりないところの広野や岩の多い平原で活動している。主に中型の鳥類（コウライバト、ヒバリ、ユキスズメなど）や小型の獣類（ウサギ、ナキウサギ）を食す。セーカーハヤブサの数は比較的少なく、活動範囲も比較的広いので彼らの巣を見つけることは困難である。アラビア国家ではハヤブサを調教することは富と高い身分の象徴であるため、密漁が深刻な問題となっている。

Lanius tephronotus

漢名：灰背伯勞（タカサゴモズ）

モズ科　モズ属

体型は大きめで（25センチ）さらに尾が長い鳥である。背中から頭まで灰色で、眼先から眼にかけさらに耳の羽は黒色である；頭頂部から背中の下までは暗い灰色で；手羽先、尾は黒褐色；体の下は白色に近い、胸は黄土色である。特に特徴的なのは眼の上に黒色の羽がありそれはまるで眉毛のようである。西北、西南および、青蔵高原に分布している。海抜4000メートルの山地森林地区である、田んぼや農舎の近くに多く見られる、木の枝の上か電線の上でなどに巣を作る。昆虫が主食である。タカサゴモズは現地でよく見られる鳥の1種である。林地区でもまたなヤルツァンポ大峡谷の中の村でも、田んぼ地などどこでも姿が確認出来る。

Garrulus glandarius

漢名：松鴉（オオカラモズ）

カラス科　モズ属

体は小さい目で（35センチ）のピンク色に近い鳥である。特徴は翼上が黒色および、青色で、腰は白色である。髭は黒色である、両翼は黒色で白い斑点がある。飛行時は両翼が楕円の形をしている。飛行は重く、翼の動きは不規則である。彼らは針葉林やなどで生活している。1年中の大多数の時間を山の上で過ごし、平地に現れるのは数少ない。冬季はたまに林区の近くの住居付近の畑や道端で曲事をする。昆虫が主食で、ヤルツァンポ大峡谷地区に残っている鳥である。

Urocissa flavirostris

漢名：黄嘴藍鵲（ハイイロカケス）

カラス科　モズ属

体調は長め（69センチ）で鮮やかな濃い青色である。楔形の尻尾は長く下に垂れている、頭は黒色で嘴は黄色である。嘴と脚の黄色は頭の冠の黒色に及ぶ違いがあるのはサンジャク。頸と背中が黒色に白い斑点がある。ヒマラヤ山脈、中国西南およびチベット東南部の海抜1800〜3300メートルの森林に分布している。サンジャクがいない地区に出現する、サンジャクの方がより見られる。森林および果物園にいることを好む。時には小さい群れで行動することもある。

鳥類

Pica pica

漢名：喜鵲（オナガ）

カラス科　オナガ属

体型は比較的に小さく、最大体長は（45センチ）の鳥である。黒色の長い尻尾があり、両翼および黒色の尻尾には青色の光沢がある。オナガは中国民族の吉の象徴であり、オナガの適応能力は他の鳥に比べて比較的に優れている。山でも、平原でも休みことができ、荒野、畑や田んぼ、都市でも彼らの姿を見ることができる。彼らの主食は昆虫であるが、穀物や種も食べる。

Nucifraga caryocatactes

漢名：星鴉（ヒメサバクガラス）

カラス科　ヒメサバクガラス属

体型は小さめで、最大体長（33センチ）で深褐色で白い斑点が密集している鳥である。肩および尻尾の角は白色で、サイズの小さい尻尾は強くまっすぐな嘴をよりいっそう強調する。特徴は「体の羽が全てコーヒー色で、白い斑点がある」。ヒメサバクガラスの典型的な針葉林カラス類の1種で、針葉林で生活をして、松の木の実を主食としている。さらに冬季に向け果物などを隠し準備している。ヒマラヤ山脈の南西および中部に分布する。

Pyrrhocorax pyrrhocorax

漢名：紅嘴山鴉（ホシガラス）

カラス科　サンジャク属

体は小さめで、最大体長（45センチ）の黒色に光っている鳥である。民族の間ではホシガラスと呼ばれている。全身を通して黒色をしており、鮮やかな赤色をした嘴が下に曲がるようにある。脚は赤色である。成鳥の亜種は、本来の成鳥と似ているが、嘴は比較的黒い色をしている。体は黒い羽毛と、赤い嘴をしているのが、ホシガラスの特徴である。山地でよく集まり、いつもは群れをなしている。山谷の間を飛行し、時には山の近くの平原などにも現れる。時にはアフリカサンジャクに混ざって飛行している。主食はバラ科の果実で雑草の種や、野生の植物に芽と種、昆虫を食べている。

43

第 3 章　大峡谷の生物

Corvus macrorhynchos

漢名：大嘴烏鴉（ハシボソガラス）

カラス科　カラス属

ハシボソガラスは巨嘴鴉とも呼ばれる、俗名は老鴉である。体長はやく 48 センチ。全身の羽毛は純粋な黒色で、背中、翼および尻尾は青緑の光沢がある。嘴は大きく、上嘴と額は垂直になっている。全身漆黒で、嘴はまた大きいのがかの特徴である。ハシボソガラスは中国に広域に分布している。平原や山地、集落や田んぼなどでも見られる。群れをなして活動をしており、昆虫やネズミなどを食べている。ハシボソガラスはヤルツァンポ大峡谷でよく見られる鳥の 1 種である。

Rhipidura hypoxantha

漢名：黄腹扇尾鶲（コバシベニサンショウクイ）

サンシュウクイ科　サンシュウクイ属

体は小さく、最大体長（12 センチ）の鳥である。額、眉および下半身は黄色で、眼が大きく、オスは黒色、メスは深緑色をしている。ヒマラヤ山脈から中国西南、海抜 800 〜 3700 メートルの丘陵および高山林で生活している。ヤルツァンポ大峡谷ではあまり観察できる鳥ではない。

Pericrocotus ethologus

漢名：長尾山椒鳥（ニシコウライウグイス）

サンショウクイ科　サンショウクイ属

体は大きく、最大体長（20 センチ）の深色の鳥である。赤色か黄色のまだら模様があり、尻尾は長い。雄鳥の頭は、頸、背中、肩は黒色で金色の光沢がある。背中の下は、腰と尻尾の畝にかぶさっている羽は赤色である。雌鳥は額、眼先は黄色で頭頂部、枕、頸の後ろは黒灰色またはくらい褐灰色である。見分ける特徴としては黒色の頭と赤色の下半身である。西南（四川、雲南）、華北（河北）、西北（甘粛）および、チベット南部に分布している。ニシコウライウグイスは山地森林のどこにでも生息している。主食は昆虫である。

鳥類

Pericrocotus brevirostris

漢名：短嘴山椒鳥（オナガベニサンショウクイ）

サンショウクイ科　サンショウクイ属

大きさは中型で（19センチ）の黒色の鳥である。赤色または黄色の斑ら模様がある。雄鳥は頭から背中にかけては黒色で、腰と尻尾の上にかぶさっている羽は赤色絵ある。両手羽先は黒色で翼には赤色の斑ら模様がある。羽の中央部分は黒色で、外側も基本全て黒色であるが、端部分は赤色である。雌鳥の額と頭頂部は深い黄色で、頭頂部から背中にかけてはくすんだ灰色をしている。頬と耳の羽は黄色で、腰と尻尾の上にかぶさっている羽は深い黄土色である。この鳥は非常にニシコウライウグイスに似ており、少しだけ小さいだけである。ヒマラヤ山脈から中国南方に分布している。海抜1000〜2500メートルの山地の森林でよく見かけることができる。

Cinclus cinclus

漢名：河烏（キレンジャク）

レンジャク科　レンジャク属

体は小さく、最大体長（20センチ）の深褐色色の鳥である。特徴は顎および喉から胸の上にかけ白い大きな斑ら網様がある。背中の下および腰は灰色がかっている。深色型の喉胸は煙褐色であり、薄色のしま模様がある。薄色型の喉胸は純白である。ヒマラヤ山脈および中国西部に分布している。小型の魚や、昆虫小型の無脊椎動物が主食である。森林および開けた区域、山間の渓流などに生息する。渓流の両岸の大きな岩の上あるいは木の上で生活する。さらには、水面でも生活でき、水に潜ることもできる。巴松錯の湖や東南チベットの小さい河でこの鳥は観察することができる。

Monticola solitarius

漢名：藍磯鶇（カオグロイソヒヨドリ）

ツグミ科　イソヒヨドリ属

大きさは中型で（23センチ）の青石灰色の鳥である。雄鳥は暗い青灰色で、淡い黒色および白色に近いうろこ状の模様がある。雌鳥の上半身は灰色にくすんだ青色が混ざっており、下の体皮は黄色で黒色の鱗状も模様がある。成長の亜種は雌鳥に似ているが上半身は白黒色の鱗状の模様がある。中国境内の東部、新疆ウイグル自治区北部、チベット南部、西南部および、長江の南地区に分布されている。突出した岩や建物の柱や死んだ樹にとまっている。地面に向かって昆虫を捕食する。

45

Myophonus caeruleus

漢名：紫嘯鶇（イソヒヨドリ）

ツグミ科　ヒヨドリ属

体長は大きめで（32センチ）の黒色の鳥である、俗称は鳴鶏、鳥精、である。体は通して青黒色で、翼に覆いかぶさっている羽には薄く斑点模様がある。翼および尻尾は紫色の光沢があり、頭および頸部の羽には光る小さい羽がある。河に生息し、渓流や密林の岩の多いところに現れる。昆虫や小さい蟹、果物や植物を食べるが、主食山地の昆虫である。中国大部分の地区に分布しており、チベット東南地区に残っている鳥である。

Turdus albocinctus

漢名：白頸鶇（トラツグミ）

ツグミ科　ツグミ属

大きさは中型で（27センチ）の鳥である。塗油長句は頸環および胸の上が全部白色である。雌鳥と雄鳥は似ているが、雌鳥の方が若干暗く淡い色をしており、褐色が比較的濃い。ヒマラヤ山脈から中国西部に分布し、チベット南部および東部と視線西部（康定）の鉱山でもよく観察できる。夏季はよく林で見ることができ2700～4000メートルの高山で草など食べる。チベット東南地区のヤルツァンポ大峡谷林地区、魯朗、巴松錯などでもよくこの鳥を観察することができる。

Turdus merula

漢名：烏鶇（シロエリツグミ）

ツグミ科　ツグミ属

体長は大きめで（29センチ）の全深色の鳥である。雄鳥は全身が黒色で、嘴はオレンジ色、眼の周りは薄色で、脚は黒色。雌鳥の上半身は黒褐色で、下半身が深褐色である。嘴は暗い黄緑色から黒色である。中国の大部分に分布しており、林地、公園および林、海抜が4000メートルのところなどである。雑食の鳥で、昆虫、種、果物など食べる。チベット東南地区でよく見かけられる。

鳥類

Brachypteryx stellata

漢名：栗背短翅鶇（チベットウタツグミ）

ツグミ科　コマドリ属

大きさは中型で（13センチ）の鳥である。特徴は体の上が栗色で、下は灰色および黒色の斑点模様がある。胸の下および腹部は白色の三角形の斑点模様がある。両脇および臀は赤褐色である、灰色の眉がある。中国では雲南やチベットに分布している。多くを杉の木の間やツツジの咲いている竹の中、また高山帯の木以外にも岩などのひび割れた隙間などで生活している。夏には海抜3600メートルの山地でよく観察することができる。チベットウタツグミが群れで動くことは珍しい、比較的単独でいる鳥である。

Tarsiger cyanurus

漢名：紅脅藍尾鴝（アカハラコルリ）

ツグミ科　ヒタキ属

大きさは小さめで（15センチ）の喉の白い鳥である。特徴はオレンジ色をしている両脇と、白色の腹部と臀の形成割合である。雄鳥は体の上が青色で、眉の部分は白色である。亜種および雌鳥は褐色をしている。尻尾は青色である。雌鳥との亜種の区別は喉が褐色の上、真ん中の白色の線がある。さらに、喉は全て白色で両脇はオレンジ色で、黄色ではない。繁殖期は中国の東北と西南地区で行われる。冬は長江流域と長江より南の広大地区で過ごしている。繁殖期は海抜1000メートル以上の森林地帯に生息している。ヤルツァンポ大峡谷の林地区、魯朗の林海の中でよく見られる鳥の1種である。

47

Tarsiger indicus

漢名：白眉林鴝（キンイロヒタキ）

ツグミ科　ヒタキ属

大きさは小さめで（14センチ）の深色の鳥である。白色の眉模様がある。雄鳥の体の上は青石青色をしている、頭の横は黒色で、下はオレンジ褐色である。腹中心および尻尾の下は白色に近い羽が覆いかぶさっている。雌鳥の体の上は黄土褐色で、眉は白色をしている、頬は褐色で、眼の周りの色は薄くなっている、下部分は暗い褐色である、腹部の色は薄くなっており、尻尾の下に覆われている羽は黄色をしている。中国の西南部および台湾に分布している。地面または、地面に近い木の枝で生活をしており、人を恐れない。海抜2400～4300メートルの混交林および針葉林で見られる。

Phoenicurus hodgsoni

漢名：黒喉紅尾鴝（クロジョウビタキ）

ツグミ科　ジョウビタキ属

大きさは中型で（15センチ）で鮮やかな赤い尻尾を持つ鳥である。雄鳥はジョウビタキに似ている、ただし眉は白色で頸から背中は灰色である。翼には白色が混ざっている。雌鳥は雌のジョウビタキに似ているが眼の周りは白色である上、皮は黄色くない。胸部は灰色で白い斑点が翼になく、体の上は深い色をしている。ヒマラヤ山脈と中国中部などに分布している。冬はインド東北部、およびミャンマー北部で過ごす。切り開かれた林、または草原で生活をしている。木の間で食事をする。

鳥類

Phoenicurus schisticeps

漢名：白喉紅尾鴝（ハイバネジョウビタキ）

ツグミ科　ジョウビタキ属

大きさは中型で（15センチ）で色あざやかな赤い尻尾を持っている。特徴は喉が白色であること、尻尾の外側の半分が深緑色をしている。雄鳥の頭頂部および頸背は深い青石青色をしている、額および眉の青色は特に濃い；背中の上部分は灰黒色で；尻尾は黒色；背中の下部分は深緑；腹中心および臀部の皮は黄色である；両翼には白色の線模様があり、3級羽は白緑色である。雌鳥の頭頂部および背中は冬季を迎えると色褪せる；眼の周りの皮は黄色；尻尾、白色の喉および翼の上は白色の線状の模様がある。なお、雛の時から模様はくっきり見える。海抜2400～4300メートルの山地、林に生息する。昆虫を主食として、また植物の果実も食べる。

Phoenicurus auroreus

漢名：北紅尾鴝（ジョウビタキ）

ツグミ科　ヒタキ属

中型サイズ（15センチ）で色彩が煌びやかなヒタキである。鮮明で幅の広い白色の翼斑がある。オスの目の先、側頭、喉、背の上部及び両翼は褐色の黒色で翼斑だけ白色である。頭頂及び首の背は灰色で銀色の縁である。体毛の他は栗色の褐色で、中央の尾羽は深い黒の褐色である。メスは褐色で白色の翼斑が鮮明にある。中国大部分の地域の渡り鳥と留鳥で、彼らは山地、森林、河川、林緑、民家の付近の低木や低い林の中に生息している。主食は昆虫である。ジョウビタキの鳴き声は人を惹きつけるよう滑らかであり、人間によく捕まえられるが、檻の中で彼らは食事を全くせず、すぐに死んでしまう。

49

Phoenicurus frontalis

漢名：藍額紅尾鴝（ルリビタイジョウビタキ）

ツグミ科　ヒタキ属

中型サイズ（16センチ）で色彩が煌びやかなヒタキで、ヒタキ属の代表的な種である。オスメスとも尾の部分が特徴的なTの形の図模様（オスは黒色、メスは褐色）で、中央の尾羽の端及びそのほかの羽の端は明瞭な茶色の対比でなっている。オスの頭頂から背の上部及び喉、胸の上部は青い黒色で、額は青色で、翼は暗い褐色で、中央の尾羽は黒色で、他の尾羽は栗褐色で、羽の端は黒色、腰、尾の上に覆う羽及び下半身の他は栗茶色である。メスの上半身は茶褐色で、翼、腰、尾羽はオスに似ているが少し淡く、下半身は浅い茶褐色である。中国の境の主に青蔵高原、喜馬拉雅山脈、の中部及び南西地区に分布する。彼らは昆虫が主食である本土の渡り鳥で、チベット南東部で比較的よく見られる。

Chaimarrornis leucocephalus

漢名：白頂渓鴝（シロビタイジョウビタキ）

ツグミ科　ジョウビタキ属

大型サイズ（19センチ）の黒色及び栗色のジョウビタキである。頭頂及び、頸の背は白色で、腰、尾の根元及び腹部は栗色である。オスメス同じ色である。中国のほとんどの地域に分布する。山の河谷、山間の渓流の岩の上、河川の岸辺、川の露出した巨大な岩の間の水たまりなどでよく見られ、ある時は干上がった川にもいる。彼らは垂直に移動する習慣がある。夏は高山地帯、秋冬は降りて比較的低い地域に生息し、通常海抜1800～4800メートルで生活している。シロビタイジョウビタキはチベット南東地区で比較的よく見かける鳥で、巴松錯の湖の辺り、魯朗森林の渓流、ヤルツァンポ大峡谷の森林の渓流でこの美しい小鳥を見ることができる

鳥類

Grandala coelicolor

漢名：藍大翅鴝（ムラサキツグミ）

ヒタキ科　ツグミ属

大きさは中型で（21センチ）のヒタキに似た鳥である。雄鳥はわかりやすく、全身が光沢のある紫色である。眼先、翼および尻尾は黒色である。尻尾は丸みを帯びている。雌鳥は体の上部分が灰褐色で、頭方、背中の上にかけて黄色の盾模様がある。体の下部分は灰褐色で喉および胸には黄色の盾模様がある。彼らはとても綺麗な鳥の1種である。中国のチベット東南部および西南地区に分布する。高山地帯や岩山で観察することができる、雨を好み、また高いところも好む。時には違う種類の鳥と群れをなし、大群となる。飛んでいる姿はヒヨドリに似ている。冬季は木の上に集まって過ごす。この鳥はよく観察できるわけではない、深い山に行くことによって観察できる。

Saxicola torquata

漢名：黒喉石䳭（ノビタキ）

ツグミ科　ノビタキ属

大きさは中型で（14センチ）の黒色、白色および赤褐色の鳥である。雄鳥の頭と翼は黒色で、背中は深褐色である。頸および翼の上は白色の斑点模様がある。腰は白色で、胸は黄土色である。雌鳥の色は比較的暗く、黒色ではない。体の下は黄色の皮膚で、翼の上には白色の斑点がある。ヒマラヤ山脈および中国南方に分布する。開けた土地を好み、田園や、花園などに生息する。低い木の枝にとまり地面の獲物を捕食する。ヤルツァンポ大峡谷およびチベット東南、またその他地区ではあまり観察することができない。

Sitta nagaensis

漢名：栗臀䴓（ゴジュウカラ）

ゴジュウカラ科　ゴジュウカラ属

大きさは中型で（13センチ）の灰色の鳥である。体の下の部分は黄色で、喉、耳の羽および、胸はくすんだ灰色である。また両脇は赤色である。尻尾の下の覆いかぶさっている羽は深い黄土色で、両側にははっきりとした白色の斑点模様が線状にある。中国境内、東南および西南部に分布している。チベット東南部海抜1400～2600メートルの林の中で生活している。

Tichodroma muraria

漢名：紅翅旋壁雀（ホオジロゴジュウカラ）

ゴジュウカラ科　ゴジュウカラ属

大きさは小さめで（16センチ）の灰色の優雅な鳥である。尻尾は短いが、嘴は長い、翼には緋色の斑点がある。繁殖期は雄鳥の顔および喉は黒色になるが、メス鳥は比較的黒色が少ない。繁殖期ではない時期の成鳥は喉が白色で、頭頂部および頬はくすんだ褐色である。翼の羽は黒色で、外側の尻尾の羽の両端には白色がはっきりと見える。中国東北、西北、華北、西南、南方などに分布している。木のない高山の崖や壁の上に生息する。彼らが飛んでいる時の羽の色や、飛んでいる様子から、「崖の上の蝶々鳥」と呼ばれている。

鳥類

Certhia familiaris

漢名：普通旋木雀（カベバシリ）

キリバシ科　キリバシ属

大きさは比較的小さめで（13センチ）の褐色のまだら模様のある鳥である。大きさはスズメに似ており、嘴の形はキツツキに似ている。体の下は白色または黄色である、また両脇にはくすんだ黄土色で、尻尾は黄土色である。胸および両脇は白色で、眉の色は薄いのが紅腹旋木雀で大きさは比較的小さめである。喉の色が薄い褐色なのが褐喉旋木雀である。淡い褐色の尻尾を持つ鳥を高山旋木雀と呼ぶ。ヒマラヤ山脈および北方地区に分布している。木の上をらせん状に登る姿から「旋木雀」と呼ばれている。海抜の高い、温暖な針葉林などに生息する。木の皮の下の昆虫を食べる。ヤルツァンポ大峡谷の林の中でこの鳥は観察できる。

Troglodytes troglodytes

漢名：鷦鷯（チャバラキバシリ）

キバシリ科　キバシリ属

大きさは小さい（10センチ）の褐色で横シマ模様および斑点模様がある鳥である。尻尾の上にまた別の羽があり、嘴は細い。深黄色褐色の羽が体から生えている、黒色の斑点模様が横に並んでいるのが特徴である。中国広域に分布している。主食は昆虫である。文学家張華曾の『鷦鷯賦』によると、この鳥を通して、自分の政治の観点がうかがえると記されている。生活は活発で、鳴き声は綺麗である。

Parus rubidiventris

漢名：黒冠山雀（アカエリシジュウガラ）

シジュウカラ科　シジュウカラ属

大きさは小さく（12センチ）の鳥である。特徴は胸に黒色の冠模様があり、頬は白い、体の上は灰色である。翼にもようはない、体にした部分は灰色で、臀は黄土井戸である。雛の時の模様は短い。ヒマラヤ山脈、中西部に分布している海抜2000メートル以上のところで生活している。昆虫や、蜘蛛を食べる。尖っていて短い嘴は、ゲームの中の「アングリーバード」に似ている。ヤルツァンポ大峡谷の針葉林な度でよく見かけることができる。

Parus ater

漢名：煤山雀（ヒガラ）

シジュウカラ科　シジュウカラ属

大きさは小さめで（11センチ）の鳥である。頭頂部、頸、喉および胸の上部分は黒色である。翼の上には白色の斑点模様がある。中国の東北、チベット南部、北方東部、東南および台湾に生息する。彼らは針葉林の中で生活している。寒さに強く、雪の下の獲物を捕る。また冬に備えて食料を備蓄する。ヤルツァンポ大峡谷の針葉林などでよく観察できる。

Parus dichrous

漢名：褐冠山雀（ヒガラ）

シジュウカラ科　シジュウカラ属

大きさは小さめで（12センチ）の淡い色の鳥である。冠のような羽が特徴的である。体の羽は黒色でなければ、黄色かまた白色の半頸をしている。体の上は暗い灰色である：下の色は亜種によって様々である。ヒマラヤ山脈および西部地区に分布している。彼らは海抜2480～4000メートルの針葉林で生活している。この鳥は小さい群れをなして行動している。

Parus major

漢名：大山雀（ハイイロカンムリガラ）

シジュウカラ科　シジュウカラ属

大きさは大きく（14センチ）の灰色、または黒色の鳥である。頭と喉は黒光りしている、顔には白色の斑点模様があり、背中の模様と対比できる。翼の上には白色の線状の模様がある、黒色の帯に沿って胸の中央まで伸びている。中国広域に生息している。彼らは山区や平原林区に生息していて、害虫を食べる。チベット東南地区で見ることができるが、農村付近でも見かけることができる。この鳥は地元ではよく見られる鳥である。

鳥類

Parus monticolus

漢名：綠背山雀（シジュウカラ）

シジュウカラ科　シジュウカラ属

体長は大きめで（13センチ）の鳥である。腹部の黄色いシジュウカラの亜種に似ている、ただし区別としては、緑色の背中に2本の白い翼模様がある。中国中部、西南、チベット南部、および台湾などの海抜1100〜4000メートルの山の森林に生息している。群れで行動することを好む、またきの皮は体の羽で巣を作る。昆虫を主食とする。この鳥はハイイロカンムリガラと同じようにいつも密猟に苦しめられている。

Aegithalos iouschistos

漢名：黒頭（長尾）山雀（ズアカエナガ）

シジュウカラ科　エナガ属

大きさは小さめで（11センチ）の鳥である。頭側は黒色で、頂紋、髭紋、耳の羽および頸は褐色である。背中と、両翼は全部灰色で：体の下は黄土色である。胸は銀灰色で黒色の盾模様がV字の形をしている。雛の頃は模様が薄い。ヒマラヤ山脈に分布している。山地や針葉林などで生活している。生息は海抜3600メートルである。木の枝などに群がって食事をすることを好む。チベット東南地区に残っている鳥である。

Aegithalos bonvalotis

漢名：黒眉（長尾）山雀（エナガ）

シジュウカラ科　エナガ属

大きさは小さめで（11センチ）の鳥である。ズアカエナガに似ているが色が薄い。頸および胸は白緑色で、下胸および腹部は白色である。中国の青蔵高原東南部、華中および西南に分布している。チベット東南地区に残っている鳥である。

55

Delichon dasypus

漢名：煙腹毛脚燕（ニシイワツバメ）

ツバメ科　イワツバメ属

大きさは小さく（13センチ）の黒色の鳥である。腰は白色で、尻尾は浅い色をしている、体の下は灰色がかっている。体の上部分は青色で胸は煙白色である。イワツバメとの見分け方は翼の色が黒色である。彼らの体は小さく、とても俊敏に動き、飛行能力に長けている。それに飛んでいる昆虫を食べる。繁殖期はヒマラヤ山脈にいる。ベトナムや東南アジア、フィリピンなどを渡っている。

Hypsipetes leucocephalus

漢名：黒（短脚）鵯（ノドジロヒヨドリ）

ヒヨドリ科　ヒヨドリ属

体長は24〜25センチで尻尾が長い。体の羽毛は様々で灰黒色から黒色などある。嘴と脚は赤色で頭は黒色の冠模様がある。植物の種や昆虫を食べる、よく群れをなして食べ物を探す。特にイチゴを好む。この鳥は鳴きまねがうまく、よく猫の鳴き声など真似る。

Cettia major

漢名：大樹鶯（タイワンコウグイス）

ウグイス科　ヤブサメ属

大きさは小さめで（13センチ）の色鮮やかな鳥である。赤茶色の頂冠と形の長い白色の眉紋（眼の前から始まり、眼先まで赤茶色である。）体の上部分は黄土色で、耳の羽には細かい模様がある。体の下部分は白みがかっている、胸および両脇は黄色である。ヒマラヤ山脈から西南地区に分布している。海抜1500〜2200メートルでよく観察できる。

鳥類

Phylloscopus affinis

漢名：黄腹柳鶯（マユナガムシクイ）

ウグイス科　ムシクイ属

大きさは中型で（10.5センチ）の浅い色の鳥である。両翼は長く、尻尾は丸く凹凸がある；体の上は緑オリーブ色で、眉紋は黄色で長く粗い、たまに後ろ側が白色になることがある；耳の羽は暗い黄色で、尻尾および、翼は褐色である、羽の外側はオリーブ色の羽の縁がある。体の下部分は黄色で、胸はくすんだ黄色である。両脇および臀はくすんだオリーブ色である。外側3枚の尻尾の羽は白色である、旧体羽は灰色に少し黄色である。ヒマラヤ山脈から中部地区に分布している。海抜2700～5000メートルの高山で生活している。冬季にはチベット東南部、雲南南西部と貴州の竹林にいる。

Leptopoecile sophiae

漢名：花彩雀鶯（ヒメウタムシクイ）

ウグイス科　ムシクイ属

大きさは小さめで（10センチ）の紫色をした鳥である。頂冠は赤茶色で眉紋は白色である。雄鳥は胸および腰が紫色で、尻尾は青色、眼の周りは黒色である。雌鳥は比較的色が淡い、体の上は黄緑色で、腰部分は少し青色をしている、体の下部分は白色に近い。風頭雀鶯との区別は眉紋が白色で、羽冠がなく、頂冠は赤茶色である。ヒマラヤ山脈および西部に分布している。とても鮮やかな小鳥で、鳴き声は美しい。夏季は海抜4600メートル以上、冬季は海抜2000メートルのところに生息する。繁殖期以外は群れで過ごす。また飛行能力に乏しく、常に地面にいる。

Phylloscopus pulcher

漢名：橙斑翅柳鶯（モウコムジセッカ）

ウグイス科　ムシクイ属

体型は小さめ（12センチ）の鳥である。背はオリーブ褐色、頂紋は浅い色である。特徴は翼に2本の栗褐色の模様がある。外側の尾羽は白色である。腰は浅い黄色で、体の下部分は濁った黄色で、眉紋ははっきりしていない。ヒマラヤ山脈、中部および、チベット南部に分布している。海抜1500～4000メートルの山地森林に生息している。針葉林とツツジ畑でよく見ることができる。

Garrulax affinis

漢名：黒頂噪鶥（シラヒゲガビチョウ）

チメドリ科　ガビチョウ属

大きさは中型で（26センチ）の深色の鳥である。白色の寛髭紋を持ち、頸部の白色と黒色の頭でコントラストを作っている。亜種の体の羽は少し差があるが、一般的には暗いオリーブ色をしている。翼の羽と尻尾の羽は緑に黄色が混ざっている。甘粛南部、雲南、四川、チベット南部に分布している。高山針葉林などで生活している。群れで活動することを好む、声は汚い。岩下の昆虫や、木の実を食べる。

Babax waddelli

漢名：大草鶥（ヒゲチメドリ）

チメドリ科　ヒゲチメドリ属

体長は大きめで（31センチ）の灰褐色で縦シマの多い鳥である。大きく曲がった嘴と浅い色の眼部が特徴である。ズアカチメドリに似ているが、体大きくさらに灰色が濃い、尻尾は比較的黒色で、嘴は大きく曲がっている。体の下部分は比較的白色である。チベット南部、東部に分布している。海抜3300～3800メートルの青蔵高原河灘と溝谷地区の低い樹のあるところに生息している。チベット東南でよく観察できる。

Alcippe striaticollis

漢名：高山雀鶥（ノドジロチメドリ）

チメドリ科　チメドリ属

大きさは中型で（12センチ）の灰色の鳥である。眼は白色、喉は白に近い色で、褐色の縦模様がある。体の上は灰褐色である。頭頂部および、背中の上は深色の縦模様がある。体の下部分は浅い灰色；眼先は黒色、顔頬は浅い褐色である。両翼は赤茶色で、初級の飛羽は白色で浅い色の模様がある。中国中部およびチベット東南の特有種である。海抜2200～4300メートルの山区でよく見かけることができる。

鳥類

Alauda arvensis

漢名：雲雀（カンムリヒバリ）

ヒバリ科　カンムリヒバリ属

大きさは中型で（18センチ）の灰褐色でまだら模様がある鳥だ。外見はスズメに似ている。頂冠には細かい模様がある。尻尾は分かれている、羽縁は白色で、後ろの翼は白色で飛んでいる時に見ることができる。カンムリヒバリはとても鳴く鳥で、飛んでいる時も鳴くことができる。草原や沼地などに生息する。植物が主食だが、一部の昆虫も食べる。

Passer rutilans

漢名：山麻雀（イエスズメ）

スズメ科　スズメ属

大きさは中型で（14センチ）の鮮やかな鳥である。雄雌の色は違う。雄鳥頂冠および体の上部分は鮮やかな黄色または栗色である。背中の上には黒色の縦模様がある。喉は黒く、顔頬はくすんだ白色である。雌鳥の色は比較的暗く、深色の寛眼紋およびクリーム色の長い眉紋がある。高地の開けた林地などに生息している。

Motacilla alba

漢名：白鶺鴒（イワミセキレイ）

セキレイ科　セキレイ属

大きさは中型で（20センチ）の黒色、灰色、及び白色の鳥である。体の上の羽は灰色で、下は白色である。両翼及び、尻尾はモノクロとなっている。冬季には、頭の後ろ、頸背及び胸に黒色の斑点模様ができるが、繁殖期ほどではない。この鳥は中国広域に分布している。河流、湖、水域の岸辺、田んぼ、湿地草原などに生息している。チベットの東南でこの鳥をよく見ることができる。ヤルツァンポ大峡谷の江、村、郷村公路、巴松錯湖などどこでも見ることができる。

Anthus hodgsoni

漢名：樹鷚（ヨーロッパビンズイ）

スズメ科　ビンズイ属

大きさは中型で（15センチ）の鳥である。白色の眉紋がある。その他のビンズイとの区別は体にある縦シマが少ない、喉及び両脇は黄色で、胸及び、脇は黒色の模様が密集している。中国広域に分布している、北方で繁殖し、長江より南で冬を過ごす。彼らは低い丘陵や平原地帯に生息する。林の中などで生活をしていて、時には住宅街でも見かけることがある。主食は昆虫である。ヤルツァンポ江河谷地帯、大峡谷の村付近でもこの鳥を見ることができる。

Anthus roseatus

漢名：粉紅胸鷚（ビンズイ）

セキレイ科　ビンズイ属

大きさは中型で（15センチ）の灰色がかった鳥である。眉紋がはっきりとしている。繁殖期には体の下部分が赤みのあるピンクで、数日間の間、縦シマがある、眉紋も同じ色をしている。繁殖期以外、ピンク黄色の眉線がはっきりとしている、背中は灰色で黒色の粗い斑点模様がある。胸及び両脇には黒い斑点もしくは縦模様が濃密に密集している。レモン黄色の小さい翼がこの鳥の特徴である。ヒマラヤ山〜横断山脈〜岷山〜泰峰などに分布している。山地や、林、草原などに生息する。最高海抜4200〜4500メートルの地帯にいる。10数匹で群れを作る、とても活発で、地面で食べ物を見つける。

Prunella collaris

漢名：領巖鷚（タヒバリ）

イワヒバリ科　イワヒバリ属

体長は大きめで（17センチ）の褐色の縦模様のある鳥である。黒色の大羽の端には白色がある。頭および体の下中央部は煙褐色で、両脇は濃い栗色の縦模様がある。尻尾の下の羽は白緑色である。喉は白色で、黒点により横シマ模様になっている。中国東北、華北、新疆ウイグル自治区および、チベットに分布されている。イワヒバリは高山鳥で、海抜2200〜3100メートルの高山針葉林地帯に生息する。冬は渓谷の中で過ごす。

鳥類

Prunella strophiata

漢名：棕胸巖鷚（ムネアカイワヒバリ）

イワヒバリ科　イワヒバリ属

大きさは中型で（16センチ）の褐色の縦模様がある鳥である。眼の先には白い線が眼の後ろまで回っているのが特徴的である、また眉紋は黄色褐色である。体の下側は白色で黒色の縦模様がある、胸には黄褐色の模様がある。ヒマラヤ山脈、中国中部および、青蔵高原東南部に分布している。比較的高いところの森林で生活をしている。

Prunella fulvescens

漢名：褐巖鷚（アカチャイワヒバリ）

イワヒバリ科　イワヒバリ属

大きさは小さめで（15センチ）褐色で黒色の縦模様がある鳥である。白色の眉紋はとてもはっきりしている。体の下部分は白色で、胸および両脇がくすんだピンク色である。中国の西北および東北、青蔵高原に分布されている。開けた場所を好み、何も植えられていない、岩山などで生活をしている。

Prunella immaculate

漢名：栗背巖鷚（クリイロイワヒバリ）

イワヒバリ科　イワヒバリ属

体長は小さめで（14センチ）の灰色で縦模様がない鳥である。臀は栗褐色で、背中の下および次級羽峰は紫色である。額は蒼白色である。ヒマラヤ山脈東部、ミャンマー北部、中国北部と中部、青蔵高原南部に分布しており、海抜2000〜4000メートルの針葉林の湿地帯に生息する。冬季には比較的開けた場所で生活する。

Carduelis thibetana

漢名：藏黄雀（ゴシキヒワ）

アトリ科　カナリア属

体長は小さめで（12センチ）の黄緑色の鳥である。カナリアに似ており、とても綺麗な小鳥である。繁殖期雄鳥は純粋な緑がかった黄土色で、眉紋、腰および腹部は黄色である。雌鳥は暗い緑で、体の上および両脇に多くの縦模様がある。臀は白色である。ヒマラヤ山脈東部から中国西部に分布しており。チベット東南地区ではあまり見られない鳥である。大から小の群れを作り、亜高山森林帯で活動している。

Leucosticte nemoricola

漢名：林嶺雀（ムネアカヒワ）

アトリ科　ヒワ属

大きさは中型で（15センチ）のスズメに似た褐色鳥である。浅色の縦模様があり、浅色の眉紋と白色あるいは、乳白色の細かい小翼がある。凹形の尻尾は白色ではない。雄雌と同じ色をしており、雛は成鳥より暖かい褐色をしている。ヒマラヤ山脈、青蔵高原から中国中部まで分布している。このようなスズメに似た小鳥はヤルツァンポ江河谷、大峡谷ではよく見られる鳥である。

Mycerobas carnipes

漢名：黄腰擬蠟嘴雀（ハジロクロシメ）

スズメ科　ミセロバス属

体は大きく（23センチ頭は大きく黒色と暗い黄色の鳥である。嘴は厚い。繁殖期、雄鳥の外形は他の種と似ているが、腰が黄色で胸が黒色、羽の端に黄色い斑点があるという点で異なり、また羽の基部の白色の斑点は飛行時に非常に見えやすい。雌鳥は雄鳥と似ているが、色は暗く、灰色が黒色の代わりになっており、頬及び胸には淡い縦線がある。冬季は群れを成し活動し、またよく他の種と一緒に群れを成している。種子をかみ砕く時は非常にうるさい。また人を恐れない。

鳥類

Carpodacus thura

漢名：白眉朱雀（マミジロマシコ）

スズメ科　マシコ属

体型は大きめな（17センチ）でたくましい鳥である。雄鳥は腰及び頭頂部に至るまではとき色である。淡いとき色の眉の後ろは白色である。羽の端は白色で、わずかに斑点状になっている。雌鳥とその他の種の鳥の区別は腰の色の濃さや黄色の部分が偏っているかであり、眉の後ろは白色である。中国のヒマラヤ山脈やチベット高原東部から中国北西部に分布する。夏季は高山及び林の茂みに生息し、冬季は山崖の茂みに生息する。小さな群れを成し行動し、ある時は多種の雀と一緒に群れを形成する。また地面において捕食活動をする。チベット南東地区においては、ヤルツァンボ江の渓谷や魯朗、尼洋河などの地域でよく観察することができる。この種は当地の人々が落とした穀物を地面で食べる。

Carpodacus rubicilloides

漢名：擬大朱雀（セスジシロボシマシコ）

スズメ科　マシコ属

体型がかなり大きい（19センチ）たくましい鳥である。嘴は大きく、翼及び尾は長い。繁殖期の雄鳥の顔、額及び体は濃い赤色で、頭頂部及び体には白色の縦線がある。それはうなじ及び背の上側は灰褐色で、線は濃く、またピンク色である。腰はピンク色である。雌鳥は灰褐色で密に縦線がある。雄鳥とその他の種の区別は全体が赤色の赤色が濃くないところにあり、またうなじ及び背の褐色が比較的に濃く多くの縦線を持つことにある。雌鳥の区別は主にうなじ部分にあり、うなじ及び腰には縦線があり、また色は比較的濃い。

Pyrrhula erythaca

漢名：灰頭灰雀（タカサゴウソ）

スズメ科　ウソ属

体型は大きく（17センチ）ふっくらした鳥である。嘴は厚い。その他の種と似ているが、東部は灰色である。雄鳥の胸及び腹部は濃いオレンジ色である。雌鳥の下体及び上体はやわらかい褐色で、背には黒色の帯状の模様がある。幼鳥は雌鳥と似ているが、頭部全体が褐色で、細くて黒色の目帯を持つ。飛行時白色の腰及び灰白色の翼の斑点が非常によく見える。

▼大峡谷にある林の中の生態環境

鳥類

Emberiza godlewskii

漢名：戈氏巖鵐（ミヤマヒゲホオジロ）

ホオジロ科　ホオジロ属

大型サイズ（17センチ）のホオジロである。ヒゲホオジロと似ているが頭部の灰色が比較的重く、冠紋が栗色で黒くない。ホオジロの区別としては冠紋が灰色かである。メスはオスと似ているが色が淡い。ウイグルの西部の天山山麓地域及び塔里木盆地の西の端、西チベットの南東部、青海南部と西部及び四川の西部、中部、甘粛、寧夏、内モンゴル西部、雲南北部などの地でよく見られる。乾燥を好み、岩の多い丘陵の傾斜、森林の低木の山あいの深い谷や農耕地などでも生息する。

▼アカツクシカモ

獣類の天堂

ヤルツァンボ大峡谷の獣類

　ヤルツァンボ大峡谷区域において、秋冬と春夏に目撃できる獣類の種類とその数はとても差があり、それはこの区域の獣類の活動規則が秋冬は厳しい寒さから避け食料を探し、海抜が低い地域を目指して移動するため、この季節は簡単に観察することができ、また春夏は対象に海抜の高い区域で活動することがあり、涼しい気候と豊富な食糧を求め、人を避けて行動する、ということを十分に説明している。ヤルツァンボ大峡谷旅行区域において観察できる獣類は40種で、その中の22種は調査において目撃或いは撮影されたことがあり、その他の種は話による記録である。この中でクチジロジカ（Cervus albirostris）、アカゴーラル（Naemorhedus baileyi）、アッサムターキン（Budorcas taxicolor）、ブータンターキン（Budorcas whitei）、コビトジャコウジカ（Moschus berezovskii）など国家Ⅰ級保護動物は5種、アカゲザル（Mocaca mulatta）、ドール（Cuon alpinus）、ツキノワグマ（Ursus thibetanus）、キエリテン（Martes flavigula）、ユーラシアカワウソ（Lutra lutra）、ヤマネコ（Felis silvestris）、タイワンカモシカ（Caprikornis milneedwardsii）、バーラル（Pseudois nayaur）など国家Ⅱ級保護動物は8種を含む。

　ヤルツァンボ江大峡谷のリスの優勢な種類は、アカハラカオナガリス（Dremomys lokriah）であり、季節を問わず川谷周囲の海抜の低い区域の針葉林と針葉広葉混合林の中で非常に観察することができる。体型の小柄他種のリスであるヒマラヤホオジロシマリス（Tamiops macclellandi）はかえってめったに観察することはできない。クチグロナキウサギ（Ochotona curzoniae）は夏に海抜3500メートル以上の湿原で比較的観察され、冬は海抜2700メートルの川辺で観察することができる。チベットノウサギ（Lepus oiostolus）は川沿いの集落付近の草地と農地でよく観察される。霊長類のアカゲザルも観察することができるが、群れの数は多くない。

　秋と冬はヤルツァンボ川沿岸でバーラル（Pseudois nayaur）、アカゴーラル（Naemorhedus baileyi）、タイワンカモシカ

獣類

（Caprikornis milneedwardsi）、ブータンターキン（Budorcas whitei）など4種類の有蹄類動物を目撃することができる。このような高い大型動物との遭遇率は、中国においてもとても少ない。中国の科学家は1973年にチベット東南部でこの種を発見したが、長年の狩猟の圧力により現在の分布範囲は既にパランズァンボ川とヤルツァンボ川が合流する波密通麦、林志東久、帕隆、八玉、米林、墨脱一帯の東西では110キロメートル、南北では150キロメートル未満の地域に縮小されている。アカゴーラルはヤルツァンボ大峡谷の代表的な種であり、大峡谷はその最も美しい鑑賞地域である。ターキンはヒマラヤから秦嶺に分布する大型の牛科の動物であり、その体型は牛と羊の中間であり、全世界には4つの種類があり、分類はアッサムターキン（Budorcas taxicolor）、スーチョワンターキン（B.tibetanus）、ブータンターキン（B.whitei）、ゴールデンターキン（B.bedfordi）である。ヤルツァンボ川の両側においてターキンは観測され、詳細な比較と文献研究を経てヤルツァンンボ川南岸に分布するのはブータンターキン、また北岸に分布するのはアッサムターキンだと発見された。それらの体系は非常に似ているが、大波の激しいヤルツァンボ川を超えて遺伝子が混ざり合うことはない。ヤルツァンボ川の隔たりにより、私たちが至近距離でほとんど同時に2種類のターキンを観察することができるのは非常に珍しいことである。

　肉食系の中で容易に観察できるイタチ科はアルタイイタチ（Mustela altaica）、チョウセンイタチ（M.sibirica）、赤外線カメラで短時間でしか撮影できないベンガルヤマネコ（Prionailurus bengalensis）であり、ヤルツァンボ川北岸の欧娘村で撮影できる小型のネコ科動物で、ＩＵＣＮ（世界自然保護連盟）ネコ科専門家の鑑定によりヤマネコと断定された。しかしこの種の動物の撮影地は既に知られているヤマネコの分布地区からかなり遠く離れており、まことに珍しいことである。非常に新しい熊の活動の痕跡もまた秋の季節に川辺で見ることもできる。

　クチジロジカ（Cervus albirostris）は青蔵高原の固有種であり、主にコンボ・ギャムダのクチジロジカ保護区に分布し、その保護区の主要な保護対象である。この種は比較的体が大きく、その姿は優美で上品であり、さらに特徴的な白い口先は観賞価値が高い。訪問調査の結果によると、巴松錯（パソンツォ）景勝地の扎拉溝においてもたまに観測できる。その他に、扎拉溝や朱拉溝でアカゲザルを近距離で観察することができ、それぞれの群れの頭数はみな30頭をくだらない。

第3章 大峡谷の生物

Naemorhedus baileyi

漢名：紅斑羚（アカゴーラル）

ウシ科　ゴーラル属
- 国家Ⅰ級重要保護野生動物
- 『絶滅のおそれのある野生動植物の種の国際取引に関する条約』（CITES）付録Ⅰ
- 国際自然保護連盟（IUCN）絶滅危惧Ⅱ類（VU）
- ヤルツァンポ大峡谷を代表する哺乳動物

アカゴーラルはヤルツァンポ大峡谷を代表する哺乳動物であり、最も早く発見されたのは緬甸伊洛瓦底江における形跡であり、しかし赤色の個体としては1961年に初めて確定された。1973年に中国西蔵地区において発見され、喜馬拉雅山の東の林芝、林芝、波密、墨脱、察隅、米林の、県境に互いに連接する高山亜熱帯の広葉樹と針葉樹の混合地帯にのみ分布する。アカゴーラルは体長95～105センチ、体重は20キロほどである。四肢はたくましく、ひづめは比較的多きい。雄雌ともに1対の短く円い黒い角があり、斜め後ろに向かっている。東部、首、背中及び四肢（側面上側の白色部分を除き）にはみな赤褐色であり、背中の中央部には一筋の黒褐色の縦しまがある。腹部は黄褐色で、体の側面はやや淡い。上・下唇は薄い灰色である。黒褐色の尾は比較的短く、長さは10センチを超えない。アカゴーラルは典型的な林に生息する動物であり、1年中海抜1500～4000メートルの高山に生息し、アジアの広葉・針葉樹林の高山においてよく記録され、険しい山、水の流れが速い密林、巨石の急勾配の山奥の渓谷を好み活動し、大きな蹄は山を登るのに向いており、断崖の絶壁の上を平地のように跳躍し駆け上る。人類の活動と伝統狩猟の圧力により、大峡谷内のアカゴーラルの生息地は縮小し続けており、その数も減少を続け、かなり存続がきけんな野生動物である。もし杞有効な保護措置を加えなければ、もしかすると私たちの子孫はこの可愛らしい動物を映像の中でしか見ることができないかもしれない。

獣類

Budorcas taxicolor

漢名：米什米羚牛（アッサムターキン）

ウシ科　ヤギ亜科　ターキン属

- 国家Ⅰ級重要保護野生動物
- 『絶滅のおそれのある野生動植物の種の国際取引に関する条約』（CITES）付録Ⅱ
- ヤルツァンポ大峡谷の2種のターキンの1種

　この種類は、1種の大型でがっしりしたウシ科の動物である。体長は1.7～2.2メートルであり、雄の体重は400キログラムに達することがあり、ふわふわで濃密な毛に覆われ、全身の毛は灰がかった黄色であり、たくましい四肢を備え持ち、蹄は大きい。ゴーラルの頭は馬のようであり、角は鹿に、蹄は牛に、尾はロバに似ており、その体形は牛と羊の間であるが、歯・角・蹄は羊に似ており、巨大な羊と言ってもよく、伝説の動物「六不像」の生き写しである。喜馬拉雅山の東麓の密林に分布する。

獣類

Budorcas whitei

漢名：不丹羚牛（ブータンターキン）

ウシ科　ヤギ亜科　ターキン属

- 国家Ⅰ級重要保護野生動物
- 『絶滅のおそれのある野生動植物の種の国際取引に関する条約』(CITES) 付録Ⅱ
- ヤルツァンボ大峡谷の2種のターキンの1種

Lydekker が 1907 年にこの種を命名した。アッサムターキンと体つきは似ているが、頭及び四肢の毛の色は暗く黒く、背中は茶と黒の褐色である。ブータンターキンは高山の山頂で群れをなし、1つの群れは少ない場合は 10〜20 頭で、多いと 100 頭以上になる。雌・子供と未熟な雄で構成される。普段成熟した雄は孤独な生活を好むため「孤牛」の呼び名を持ち2、3頭一緒に生息するものは「対牛」と呼ばれる。写真のヤルツァンンボ江対岸の3頭のブータンターキンはまさに食料を探す1家3頭のブータンターキンである。中国のチベット及び雲南北西部に分布し、ブータンにおいては「国獣」みなされている。

獣類

Felis silvestris

漢名：野猫（ヤマネコ）

ネコ科　ネコ属

■ 国家Ⅱ級重要保護野生動物

ヤマネコは1種の小型ネコ科の動物であり、行動・外見上飼い猫と非常に似ている。小型哺乳類・鳥類・或いはその他の体系の似た動物を捕食している。IUCN（国際自然保護連盟）のネコ科専門家による鑑定を通し、TBISヤルツァンボ大峡谷考察隊の撮影したネコ科動物はヤマネコとされた。ヤマネコの大部分は西アジア、中央アジアと中国西北部に分布しているが、ヤルツァンボ大峡谷地区は現在既に科学者が既に認識していたアジアのヤマネコ分布図と遠く離れているため、この種のヤマネコの分布は新分布である可能性が高いとされている。

Capricornis milneedwardsi

漢名：中華鬣羚（タイワンカモシカ）

ウシ科　ヤギ亜科
■　国家Ⅱ級重要保護野生動物

タイワンカモシカは林に生息する典型的な動物で、外見はヤギに似ており、ゴーラルに比べて大きい。体長は140～190センチで、体重は50～100キロであり、通常は海抜2000～3000メートルの高山の森林の中で暮らしている。夏季は木陰、水辺の草むら及び巨岩の間など、静かで休憩のできる場所を好む。冬季は常に洞窟で風を避け、夜を過ごす。また、比較的決まった小道と休憩する場所、用を足す場所を往来し、普段は断崖の絶壁で姿を現すか、或いは密林の中に姿を隠すかである。タイワンカモシカも他の動物と同じように分布域内の森林伐採により生息地を侵されている。この他に、体形の比較的大きいタイワンカモシカは多くの肉を食べ、その皮質は上等なため、よく過度に狩猟される。

Pseudois nayaur

漢名：岩羊（パーラル）

ウシ科　ヒツジ亜科　パーラル属
■　国家Ⅱ級重要保護野生動物

パーラルは山登りが得意で、青蔵高原の固有種である。パーラルの体形は中くらいで、体長は1.15～1.65メートルであり、また雄は雌に比べ大きく、頭は比較的小さく、目が大きく、耳は小さく、あごも小さい。雌雄ともに角を持ち、成熟した雄の角は太いが長くはなく、2本の角の付け根は接近しており、角はV字型になっており、後方の外側に湾曲している。その表面ははっきりと角張ってはいなく、長さは80センチ程度である。体の背中側には茶褐色或いは石板が持ち合わせる青色であり、岩石と顔の色は非常に似ている。腹部および四肢の内側は白色で、四肢の前方は黒色である。海抜2500～5000メートルの無林地帯に生息し、青蔵東南地区の工布江達県においてよく見られる。

獣類

Prionailurus bengalensis

漢名：豹猫（ベンガルヤマネコ）

ネコ科　ベンガルヤマネコ属

ベンガルヤマネコは中国では「銅銭猫」とも呼ばれる。理由は体上の斑点が古代に使用された銅銭に似ているからである。体系は飼猫と似ている或いは大きいかである。体長は 45cm、尾の長さは 20 センチである。ベンガルヤマネコの体形は非常に均等で頭は丸く、唇は短く、目は大きく丸い、瞳孔はまっすぐ立っており、耳は小さく円形或いは尖っている。背中は褐色の斑点が半円状に並び、尾の先は黒或いは暗い褐色である。尾は大体全身の半分程度である。分布区域が違いによってベンガルヤマネコの毛髪の付け根の色は様々に異なる。淡褐色や黄色、灰褐色や赤褐色である。北側の種には灰褐色のものが比較的多く、南側の種には淡褐色や淡い黄色のものが多い。

Sorex bedfordiae

漢名：小紋背鼩鼱（ベドフォードトガリネズミ）

トガリネズミ科　トガリネズミ属

体長は 5 〜 7.2 センチ、尾の長さは 4.8 〜 6.6 センチである。大多数の個体は首から尾に至るまで一筋の黒い線がある。背中と腹部は深い褐色の毛に覆われ、両者はほとんど同じ色或いは腹部が僅かに淡い。一般的には針葉樹広葉樹の混合森林で生活し、昆虫を食べる。トガリネズミの視力はかなり悪く、感覚は主に嗅覚と触覚に頼っており、発達した触角はセンサーの役割を担っている。

Lepus oiostolus

漢名:高原兎(チベットノウサギ)

ウサギ科　ウサギ属

チベットノウサギは1種のウサギである。体形は比較的大きく体長の平均は42～48センチであり、尾の長さは約10cmである。冬季の毛は首が淡い黄色でピンク色を帯び、耳端の外側は黒色、体側面には白色の毛があり、臀部は灰色である。尾の上側に縦シマがあり、灰色・褐色・灰褐色・白色のものがある。喉部分は浅い黄茶褐色である。胸と腹部は白色で、足の後ろ側は白色でピンクと淡い黄色を帯びている。夏の毛は背中が黄色或いは灰褐色で、多数の毛は鋭く湾曲しており、波うっている。臀部もまた灰色で体側面は短い白毛である。チベットノウサギは高山の湿原や水辺の草等また付近の森林に生息し、高海抜の地区に広範に分布し、高い場合は海抜5200メートルに達する。垂直分布の最高のウサギ類の動物と言ってもいいだろう。主に青蔵高原に生息し、草木の植物、低木の若葉を主食とし、また農作物も食べる。

Dremomys lokriah

漢名:橙腹長吻松鼠(アカハラカオナがリス)

リス科　カオナガリス属

体長は16.5～20.5センチで、尾の長さは13.5～22センチ、体の色は暗い赤褐色である。耳の裏にははっきりとした白色で、淡い黄色の斑点があり、腹部の毛は橙色からクリーム色である。尾の上下は黒色と淡い金色で互い違いのあまり規則のない紋様である。主に中国チベット等に分布し、海抜1500～3400メートルの樹林の中に生息する。果実や木の実、植物のその他の部分や昆虫を主に食べる。アカハラカオナガリスはヤルツァンボ大峡谷森林の中で最も頻繁に見られる哺乳動物である。

獣類

Ochotona curzoniae

漢名：高原鼠兎（クチグロナキウサギ）

ナキウサギ科　ナキウサギ属

クチグロナキウサギは決してネズミまたは齧歯目動物ではなく、ウサギ目の動物で、ウサギと血縁関係にある。クチグロナキウサギの体は丈夫であり、尾は長く、体長 15.2 〜 23.5 センチである。毛は茶褐色から淡い赤褐色であり、腹部の色は淡い灰色である。多くは中国の青蔵高原に分布し、高山の草原や荒れた砂地、湿原に生息する。クチグロナキウサギは穴を掘り巣を作る習性があり、その穴は植物が成長するための土壌を改善するだけでなく、弱小動物のための家ともなる。

Mustela sibirica

漢名：黄鼬（タイリクイタチ）

イタチ科　イタチ属

タイリクイタチは小型の肉食動物であり、体長は 22 〜 42 センチ、尾の長さは 12 〜 25 センチである。体の色は黄褐色或いは黄色で、体形は細長く、四肢は短い。首は長く頭は小さいためかなり狭い隙間を移動することができる。口の端と顔は濃い褐色で、鼻の周囲や口もと、額は白く、また黄褐色が混ざっており、腹部の色はだいだい淡い。顔は可愛らしく、齧歯動物を主食としている。常にヤルツァンボ江沿岸の岩浜或いは農家の周囲に食べ物を求め出現する。

77

Macaca mulatta

漢名：獼猴（アカゲザル）

オナガザル科　マカク属

アカゲザルは1種のよく見られるサルで、体長51〜63センチで、尾の長さは20〜32センチである。体形は小さめで、顔はやせこけている。頭頂部には放射状の旋毛はない。額は突き出ており、肩の毛は比較的短く、尾は比較的長く体の約半分程度である。多くは岩山の絶壁、谷と川岸の密林の中或いはまばらな林の岩山の上に生息する群集性の動物である。木の葉や柔らかい枝、野菜などを主食とし、また小鳥や鳥の卵、各種の昆虫も食べ、甚だしきはミミズも食べる。

獣類

Cervus albirostris

漢名：白唇鹿（クチジロジカ）

シカ科　シカ属

■　国家Ⅰ級重点保護野生動物

クチジロジカは大型のシカで俗称は岩鹿、白鼻鹿、黄鹿などである。唇の周りと下顎が白いことから「白唇鹿」となり、中国特有の動物である。体重は200キロ以上、体長1.55～1.9メートルある。耳は長く尖っている。オスは袋角を持ち、一般的に5叉である。メスは角がなく、鼻の端がむき出しになっており、上下に唇があり、鼻の先の周り及び下顎年中純白色である。臀部は淡い黄色の斑がある。冬は毛が厚く、黒褐色で、胸と腹及び四肢の内側は乳白か白い茶色である。四肢の下の端は浅い茶色で、臀部の斑は白い黄色である。夏は毛が薄く緻密で、色がそれぞれ異なり茶色の褐色、灰色の褐色、灰色の茶色などで、臀部の斑は茶色か黄土色である。群れを作る動物で、海抜3500～5100メートルの山地の低木や高山の草原で生活し、イネ科とカヤツリグサ科の植物を食べる。

79

ヤルツァンポ大峡谷の両生類と爬虫類

　両生類と爬虫類は変温動物で、自らで体温と水分をコントロールすることができない。高海抜、低温、乾燥、強い放射の青蔵高原で特別適合して生存しているため、種類が少ない。ヤルツァンポ大峡谷の遊覧地域で直接観測し記録してあるのは両生類と爬虫類で8種、分けると3目7科7属である。

　ラサイワトカゲはヤルツァンポ大峡谷の優勢動物で、数が比較的多く、ヤルツァンポ川の両岸の砂利や人工で舗装した道の礎石がラサイェンシーにとって一番の生息と繁殖の場所である。川辺の風が強いことで両岸の草地の水分が比較的早く蒸発するため、カエル類の生存には適さない。直白村のこの風防はここだけで、またナムチャバルワ峰の雪水で湿度を保つ場所で比較的多くのカエル類が出現している。主にガタカヤマカエルの群れが最も大きい。静かなため池にガタカヤマカエルの新生の卵が記録されており、ツシオンコノハガエルの亜成体も見つかっている。松林湿地の3700メートルでは十分に水分があるため繁殖の静かなため池ができるが、多雄拉山の峠に寒流が直接襲う地域であるためここ一帯の生命の面影があまりない。ヤルツァンポの大曲りの海抜の低い雨林河川の奥深くなら、両生類と爬虫類が豊富に生息している。

両生類・爬虫類

Laudakia sacra

漢名：拉薩巖蜥（ラサイワトカゲ）

イグアナ科　イワトカゲ属

中国特有の種類で、尾以外の全身が黒色の麻縄状の不規則な模様をしている。主にチベットなどの地に生息し、普段は割れ目や砂利のある石山地域で生活している。生存の海抜範囲は 3000 ～ 4100 メートルである。ヤルツァンポ川の両岸の砂利や人工で舗装した道の礎石がクチジロジカにとって一番の生息と繁殖の場所である。クチジロジカはこの一帯でよく見られる爬虫類である。

Laudakia wui

漢名：呉氏巖蜥（ウーシーイワトカゲ）

イグアナ科　イワトカゲ属

中国の特有の種で、前と後ろ爪の間の体に黒色の幅波模様がある。チベットなどの土地に分布し、砂利の石山地域に生息する。彼らの生存の海抜範囲は 2150 ～ 2350 メートルである。ヤルツァンポ川の両岸の隙間、岩石の上でこの種のイワトカゲが見られる。

Amolops monticola

漢名：山湍蛙（ヤマハヤセガエル）

カエル科　ハヤセガエル属

チベットなどの土地に分布し、普段は陰湿や高くて険しいところ、急流な渓流の石の上、渓流の枯葉の下で生息している。彼らの生存の海抜範囲は850～2350メートルである。

Scutiger mammatus

漢名：刺胸齒突蟾（ツシオンコノハガエル）

無尾目　コノハガエル科

中国特有の種で体型は大きくてよく肥えており、オスは体長6.1～7.5メートルで、メスは5.7～7.7センチである。頭は比較的平べったく、幅が広くて長い。主に中国の四川、雲南、チベット、青海などの地に分布している。クチジロジカは海抜3200～4200メートルの高原地区の渓流や溝の石ころや枯葉の下、川の流れが緩やかなところの大きな石の下におり、付近の植物は草原や低木の芝や森林の草原である。この種の動きは遅く、容易に捕らえられる。クチジロジカは主に有害な昆虫やミミズなどを食し、農業や林、牧場に有益を与えている。

両生類・爬虫類

Bufo tibetanus

漢名：西藏蟾蜍（チベットヒキガエル）

ヒキガエル科　ヒキガエル属

チベットヒキガエルは中国の四川、雲南チベット、青海などの地に分布している。海抜 2300 〜 4300 メートルの高原地域、農地、林の端のごろごろと石の散らばる所や雑草の中で生息している。昼、夜と共に活動をしており、多様な種の昆虫を食し、農地に有益なヒキガエルである。

Cyrtodactylus medogensis

漢名：墨脱裸趾虎（モトゥオヤモリ）

ヤモリ科　ヤモリ属

チベットヒキガエルの胴体の背と腹が平たく、背は粒鱗で覆われおり、その間に円錐状の疣鱗が混合してある。頭部は大きくなく小さくなく中くらいである。耳孔の直径は小さく、目の半分である。鼻孔はかなり小さく、少し円形であり、上に向いている。背の色は灰褐色で、若干暗い褐色の折れた線状の横縞がある。四肢及び指趾の背は少し網模様がある。尾の背は浅い褐色と暗い褐色が合わさった環模様である。幼体は深いのと浅いのとの対比が鮮明である。腹は灰の白色である。彼らは夜間の行動を好み、農家の窓の上で彼らの影を見つけることがよくある。主にチベットのメトク県に分布する。

83

Pseudoxenodon macrops

漢名：大眼斜鱗蛇（ダイエンハスカイ）

ユウダ科　ハスカイ属

頭と首は鉛色で、首の背に黒色の箭形の模様があり、体色の模様は様々で、赤褐色や黒がある。海抜700〜2700mで生息し高原地域及び山の渓流、道端、菜園地、捨て石の上でよく見られる。カエル類を捕食し、頚部を上げた様はまるでメガネヘビである。

Nanorana parkeri

漢名：高山倭蛙（タカヤマカエル）

無尾目　カエル科

チベットヒキガエルはチベットで比較的見られるカエルであり、彼らの体は小さく3〜4センチほどである。彼らは青蔵高原の海抜2850〜4700メートルの湖、水たまり、沼地、山の渓流、川の周りにいる。この種のカエルは鳴嚢がないため、鳴き声を出すことはできない。

昆虫類

奇妙な小宇宙

ヤルツァンポ大峡谷の昆虫

　ヤルツァンポ大峡谷はその特殊的な地理位置と独特な昆虫の種類で、今まで人々の強烈な関心を受けていた。

　動物地理学の視角から見ると、古北区と東洋区は中国の境界で、西段及び中部地区はヒマラヤ山脈と秦嶺との界である。それぞれの学者には独自の考えがあるが、ヒマラヤ山脈の南側及びチベットの南東に属す東洋区、ヒマラヤ山脈北側及び北西に属す古北区は定説が既にある。

　ヤルツァンポ大峡谷はまるでヒマラヤ山脈を劈開した1本の縫い目であり、越えることの出来ない天然の障壁で自然地を隔てている。南部の湿った熱気流は大峡谷を浸透し、同時に峡谷の複雑な地形条件によって、独特自然の景観と多様な小さな生活環境を形成していった。古北区と東洋区の種はここで合流、浸透し、本地区の複雑な生物多様性を知ることが出来た。

　多くの科学の考察を経て、中国ですでに現在『チベットの昆虫』『チベット南迦巴峰地区の昆虫』『チベットヤルツァンポ大峡谷の昆虫』などを出版し、大量の大峡谷の昆虫の種類を記録し、数百種類の新種の昆虫を発表し、すでにヤルツァンポ大峡谷の昆虫の無くてはならない重要な学術文献資料を研究した。現在ヤルツァンポ大峡谷地区の昆虫は23目242科264属2023種と55亜種が見つかっている。この豊富な昆虫の種類は狭く小さな区域に集中しているのが滅多に見られないことである。

Zorotypus medoensis

漢名：墨脱缺翅蟲（メトクゾロティプス）

ジュズヒゲムシ目　ゾロティプス科

ゾロティプスは原始的で極めて稀な昆虫で、かつてドミニカ共和国で3世紀の琥珀の中でこの種の古い昆虫を発見している。メトクゾロティプスはチベット南東部の墨脱、波密、汗密などの地に分布し、翅型と無翅型の2種がある。体長は約3～4ミリで、全身は深い褐色に頭部は三角形に近い形をしており、頭頂に横に向いた小竜骨があり、その上に4枚の小さな毛がある。胸部は発達しており、後脚の節の下側に棘が1列ある。基部からあり、外につれて長さが短くなっており、6～8枚ある。腹部は10節からなっており、対称的な剛毛があり、腹節の背板は横向きに狭くなっている。オスの第9背板の後ろの縁の中心に棒状の突起があり、両側の背板に対称的な剛毛が生えている。第8腹板の前方部の凹んだ窪みは深く幅があり、後部の中央に4枚の粗い剛毛が台形状に並んでいる。メトクゾロティプスは通常亜熱帯の常緑の広葉樹林地域に生息する。幼虫と成虫は集まっており、倒れた木や朽ちた木の樹皮の下に暮らしている。

昆虫類

Ceriagrion fallax

漢名：長尾黃蟌（キイトトンボ）

トンボ目　イトトンボ科

水辺で生活するトンボ目の昆虫で、俗称は「豆娘」。オスは腹長 34 ミリ、翅長 22 ミリくらいである。頭部は暗いオリーブ色で、側面は黄色である。胸の淡い緑色に黒の線模様がある。翅は透明で翼の痣は褐色である。腹部の第 1～6 節が鮮明な淡い黄色で、第 7～10 節の背が黒色で、両側まで伸びる。

Indolestes sp.

漢名：赫絲蟌（アオイトトンボの一種）

トンボ目　アオイトトンボ科

小さなカワトンボで、体は水色で、黒色の斑模様がある。この種は羽を腹部の片方に乗せることができる。渓流周辺で生活し、あまりよく見かけない。

Phraortes sp.

漢名：皮竹節蟲（ナナフシムシの一種）

ナナフシ目　ナナフシムシ科

形は細長く竹に似ており、植食の昆虫で、昆虫界で「偽装の巨匠」で有名である。メスホソエダナナフシの体色はオスは褐色か黒褐色で、メスは褐色、深い褐色、緑色である。触覚は細長く、成虫になると羽がなくなる。

87

Ramlus sp.

漢名：短棒竹節虫（ナナフシムシの一種）

ナナフシ目　ナナフシムシ科

オスメス異形で、体長 8〜10 ミリ。メスはオスより少し長く、筒の形をしており、緑か褐色で触覚が短い。オスは黒色で、白色の線状で、足の大部分はオレンジ色である。

Mekongiella sp.1

漢名：雑色瀾滄蝗・未定種（フトスナバッタの一種Ⅰ）

バッタ目　フトスナバッタ科

体は黒褐色で頭は大きく、触覚は短い。足が発達しており、特に後ろ足は強靭で外骨格は硬く、跳躍の為の構造で、褐色の斑模様がある。

Mekongiella sp.2

漢名：緑瀾滄蝗・未定種（フトスナバッタの一種Ⅱ）

バッタ目　フトスナバッタ科

形はメコンギラ sp.1 に似ており、体は緑や黄緑色である。

Goniogryllus sp.

漢名：啞蟋（ハネナシコオロギの一種）

バッタ目　コウロギ科

小型の羽のないコウロギで、全体的に黒色で、強烈な光沢がある。

昆虫類

Forficula sp.

漢名：球蠼（クギヌキハサミムシの一種）

ハサミムシ目　クギヌキハサミムシ科

体長は約 10 ミリ（尾鋏を含む）で、細長く、体の背に褐色の光沢がある。頭部は黒褐色で、触覚は細長く、尾鋏も細長く尖っており、外側は黄色の短毛が密生している。低い海抜の山に分布しており、渓流地の岩場の隙間に生息する。

Lygocoris sp.1

漢名：翠麗盲蝽（メクラガメムシの一種Ⅰ）

カメムシ目　メクラカメムシ科

単眼を欠く小型の陸生カメムシである。体調は約 5 ㎜で、楕円形で短毛があり、緑色である。前足の内側に黒い斑点がある。複眼は赤か黄色褐色である。

Lygocoris sp.2

漢名：淡麗盲蝽（メクラガメムシの一種Ⅱ）

カメムシ目　メクラカメムシ科

単眼を欠く小型の陸生カメムシである。形はリゴリス sp.1 に似ており、体は淡い褐色である。斑模様があり、足は細長い。

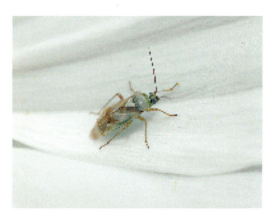

Pseudomezira kashmirensis

漢名：克什米爾似喙扁蝽（カシミールヒラタカメムシ）

カメムシ目　ヒラタカメムシ科

小型の昆虫で、体長は約 5～6 ミリであり、体は長方形で平たく、褐色か黒色である。背に様々なシワなどがある。朽ちた木や樹皮の下などに群れを作って生活しており、細長い口針で腐った木の中にいる菌糸を吸っている。

Urochela sp.

漢名：壮異蝽（クヌギカメムシの一種）

カメムシ目　クヌギカメムシ科

体長9～11ミリで体は浅い褐色である。前胸背板があり、小盾片及び前足に黒い刻点があり、前の胸と背の板の縁及び皮片の縁は暗い赤である。触覚の第1～3節は黒褐色で、第4と5節の半分が淡い黄色で、半分が黒色で、第4節が最も長い。

Cosmoscarta sp.

漢名：麗沫蟬（アワフキムシの一種）

カメムシ目　アワフキムシ科

サイズは大型か中型で、体は黒く、羽の面に赤色の帯状の花模様があり、胸の幅は広い。アワフキムシの若虫は泡状の物質を分泌し、身を守る他に乾燥などから守る役割があり、泡吹虫とも言う。

Kanoscarta birubrofasciata

漢名：二帯短背沫蟬（アワフキムシ）

カメムシ目　アワフキムシ科

前羽は黒く、羽の元付近、中部、尾部に3つの赤い帯状のようなのがある。低木の樹液を吸って生きている。

昆虫類

Dilar tibetanus

漢名：西藏櫛角蛉（チベットクシヒゲカゲロウ）

アミメカゲロウ目　クシヒゲカゲロウ科

オスの体長は4〜4.5ミリである。頭部と触覚は黄色褐色で鞭節が櫛状である。足は細長く黄色褐色でそれぞれの節の末端が均等に帯の褐色がある。羽は大きく端が丸みを帯びており、褐色の透明である。羽跡は黒褐色で、羽の中の1つの羽跡の周囲に褐色の斑がある。後ろ羽は全て褐色で、前縁及び羽の端は少し褐色の斑があり、前羽には模様はない。

Amara sp.

漢名：暗歩甲（オサムシの一種）

鞘翅目　オサムシ科

中くらいで、色は薄暗い色で、黒く褐色で光沢がある。体表はピカピカして、疏毛があり、細かい刻紋は同じのはない。食虫の昆虫である。

Poecilocoris sanszesignatus

漢名：山字寛盾蝽（アカスジキンカメムシ）

カメムシ目　カメムシ科

体長は約7ミリで、暗い青緑色に金属光沢があり、上嵌に赤の模様及び細かな刻点がある。前の胸背板及び小盾片の端に「山」の字の形に赤模様がある。頭部、頭側の縁、腹部及び脚は黒い青色や金の緑色である。

Sphedanolestes granulipes

漢名：黃顆猛獵蝽（シマサシガメ）

カメムシ目　サシガメ科

頭は比較的小さく、頭の後ろに細くて窄んでいる頸の構造で、黒色で光沢があり、腹部の両側に赤と黒の縞模様がある。動きが遅い昆虫を好んで捕食する。

Telingana scutellata

漢名：等盾負角蟬（ドゥオンドゥンフゥツノゼミ）

カメムシ目　ツノゼミ科

褐色の小型の昆虫である。単眼は2つあり、複眼の間にある。触覚は蠱状である。前胸背板が極度に発達しており、様々な突起が中胸や腹部に覆い被さっている。木の上で生活し、主に植物の液を食べている。

昆虫類

Carabus sp.

漢名：大步甲（オサムシ）

鞘翅目　ゴミムシ科

体長約20ミリで、色は薄暗い色で、黒く褐色で金属光沢があり数少ない色で鮮やかで黄色の花模様がある。体表はピカピカして、疏毛があり、細かい刻紋は同じのはない。食虫の昆虫である。

Paropisthius indicus

漢名：印歩甲（ナガゴミムシ）

鞘翅目　ゴミムシ科

頭部及び前胸背板、鞘翅が銅色で、鞘翅帯は銀色の円形の刻点が目立つようにあり、他のゴミムシと区別がつきやすい。比較的広い林の草むらにおり、昆虫を食す。

Nicrophorus nepalensis

漢名：尼負葬甲（ネパールモンシデムシ）

鞘翅目　シデムシ科

体長は20ミリほどで、体は黒褐色で、唇基膜及び触角の第3節はオレンジ色をしており、鞘翅前と後部に不規則のオレンジ色の横斑が各1つずつあり、左右の翅に横斑が対称に不連続である。前後の横斑の中に孤立して黒色の小さくて丸い斑点が1つある。野外で比較的強く走光性があるため見つけやすい。

Necydalis sp.

漢名：蜂天牛（ネキダリスの一種）

鞘翅目　カミキリムシ科

体が細長く円柱形で、疏毛で覆われている。頭は幅があり、触角基瘤が出ており、フィラメント状である。前胸背板の側面は少し大きく、一般のより大きくて幅がある。鞘翅は短く、腹部の基節と両鞘翅の端は離れていて重なっていない。後ろ足はとても長い。

Heterophilus scabricollis

漢名：音天牛（カミキリムシ）

鞘翅目　カミキリムシ科

体長は 21 ミリで、幅は 7 ミリの浅い黄色の柔毛で体が覆われている。頭部と前胸背板は黒色で、長い柔毛があり、前胸辺りは赤茶色の縁に小盾片、翅及び体の腹が茶色である。触角は赤茶色で、基部は黒茶色である。

Paraspitiella nigromaculata

漢名：黒斑斯畢螢葉甲（ハムシ）

鞘翅目　ハムシ科

体長は最大 10.5 ミリで、幅は 6〜7 ミリである。頭部、触角、小盾片、足及び腹部は黒色で、前胸背板は黄色で黒色の大きな斑点がある。鞘翅は淡い黄色で、それぞれの鞘翅に 4 つの対となった黒の斑点がある。この種はチベットの特有の種である。

Onthophagus sp.

漢名：嗡蜣螂（フトカドエンマコガネ）

鞘翅目　コガネムシ科

体長 4.6〜5.7 ミリで、幅は 2.7〜3.6 ミリである。体は小さく、短い広がった楕円形で、腹と背は偏ってアーチ状に厚く盛り上がっており、体は深い褐色から黒色で、全体に密集して刻点があり、黒く光っている。頭の近くは楕円形で、頭部は丸く、深い刻点が密集している。前胸背板は広く、少しハート形をしており、分円アーチで、刻点が密集している。後部に縦の溝があり、縁は弓状で、最も広い点は中央手前にある。

昆虫類

Polyphylla sp.

漢名：雲鰓金龜（コガネムシの一種）

鞘翅目　コガネムシ科

体長3.1～3.8ミリで体は栗色か黒褐色で、体表に乳白色の鱗片で組み合わさった雲状の花模様がある。長い楕円形で、背が盛り上がっている。頭の中央、唇基が大きい。オスは触角の7節がとても幅広く、外に向かって湾曲している。メスの触角は短くかつ小さく、6節ある。幼虫は腐植を食べ、成虫になると走光する。

Dorcus yaksha

漢名：西藏細角刀鍬甲（チベットタイリクツノボソオオクワガタ）

鞘翅目　クワガタムシ科

体長3.2ミリほどあり、中型のクワガタムシで、黒く煌めいている。頭の幅は大きく長く、頭頂はかすかに凸の形で、複眼は後ろ方に1つ小さな突起がある。上顎は長くほとんど頭と同じ長さで、基部の上部に少し出た歯の突起がある。唇基は長方形で、中部は少し凹んでおり、その上にびっしりと黄毛が生えている。前胸背板の幅は大きく長い。前の縁に波状が露呈している。鞘翅の中部に多くの縦線があり、左右の鞘翅の前縁にそれぞれ4～5本の縦凹線があり、細かく小さな刻点がたくさんある。中部の胸腹板の真ん中の足の後方及び足の甲の上に緻密な黄毛がある。中央後ろ足節の後ろ側にまばらな疏黄毛がある。

Eolucanus pani

漢名：潘氏擬深山鍬甲（ミヤマクワガタ）

鞘翅目　クワガタムシ科

鞘翅の表面はツルツルしており、縦縞は無く、前足の脛節の外縁が連続して不規則にノコギリ状ニアある。オスの大顎は直角に湾曲している。メスの特徴は全ての脚節と脛節が均等に赤褐色である。

Eolucanus prometheus

漢名：普氏擬深山鍬甲（ミヤマクワガタ）

鞘翅目　クワガタ科

メスは上記の種にかなり似ており、全ての脚節と脛節が黒色で区別できる。

Leptomias semicircularis

漢名：半圓喜馬象（クチブトゾウムシ）

鞘翅目　ゾウムシ科

レプトミジアはチベット高原の特有の種で、寒く乾燥し砂埃が激しい気候条件で暮らしている。長い年月で後ろ翅は飛ぶ意義を失い、だんだん退化し完全に消失した。鞘翅は砂利の磨損で硬く厚いものになった。体を起こす保護効果としてなっている。左記のレプトミジアは灰色の鱗片で覆われおり、他の種に比べて体が少し平べったい。主に砂州と露呈した土壁の周囲に生息する。

Leptomias lineatus

漢名：線条喜馬象（ヒメカタゾウムシ）

直翅目　ゾウムシ科

外見は左記に似ているが、前胸背板には灰色の縦縞はなく、かつ金属光沢がある。主に高山の芝原の地域で生息する。

昆虫類

Metialma sp.

漢名：大眼象甲（ヒラセクモゾウムシ）
鞘翅目　ゾウムシ科

体長は約3ミリで、全体的に赤みを帯びた褐色である。オリーブのような球状の斑模様があり、背腹部は隆起している。頭部の前方は特化しており、象の鼻のように長い口器をしている。複眼は特に大きく、黒色で顔のほとんどを占めており、両眼の間に1本の継ぎ目があるだけである。

Paroplapoderus sp.

漢名：巻象（ゴマダラオトシブミ）
鞘翅目　ゾウムシ科

メスが産んだ卵を葉内に巻き守ることから名がきた。孵化後幼虫はその葉を内から外に食べ、出でくる。成虫はとても小さく、体長約3〜6ミリで、黒色、赤色、赤黒の2色がいる。

97

Nephrotoma sp.

漢名：短柄大蚊（キイロホソガガンボ）

双翅目　ガガンボ科

体長は14ミリほどで、体色は黄色で中胸背板は黒色、腹部背板は黒色の横縞を帯びている。足は黒褐色で、翅は透明、虹色の金属光沢がある。翅痣は黒色である。

Vermiophis tibetensis

漢名：西藏潜穴虻（チベットアナアブ）

双翅目　アナアブ科

体長は約11ミリで、前翅は約9ミリある。頭は半球の形をしており短く幅がある。胸部は大きく、背は隆起し黒褐色で、脚は細長く、黄色褐色である。胸部は狭く長く、黄色褐色の線模様がある。アブの幼虫の生活習慣は奇妙で、岩石の下の方の砂を多く含んだ地の中に漏斗状の穴を作り、アリなどの小虫を落とし入れて捕食する。

昆虫類

Anastoechus sp.

漢名：雛蜂虻（トラツリアブ）

双翅目　ツリアブ科

体長は中型で、頑丈であり、繊毛が多くあり、外形は蜂に似ている。体長は 12 〜 14 ミリ。足は細長く、前と後ろ脚の基が長い。

Scaeva pyrastri

漢名：斜斑鼓額食蚜蠅（ワタリムツボシヒラタアブ）

双翅目　ハナアブ科

体長は 14 ミリほどで、頭部は茶黄色で、額が膨らんでおり、特にオスはよりはっきりしている。毛は黒色で長く緻密で、顔の毛は黄色で、オスは両側の目の縁に黒い毛がはっきりとある。小盾片は茶黄色で、ほとんどが黒色の長い毛で覆われている。前縁及び側縁にだけいくらか黄色の毛がある。腹部は黒色で、黄斑が 3 つ対にある。

Hemipenthes xizangensis

漢名：西藏斑翅蜂虻（チベットアブ）

双翅目　アブ科

体長は 8 ミリで、翅は長く 9 ミリある。頭、胸部は黒く、両側に白色の長い毛があり、翅は透明で、大部分が黒色である。腹部は黒色で、白色の長い毛がある。

99

Haematopota sp.

漢名：麻虻（ゴマフアブ）

双翅目　アブ科

小型の種で、体長は約 10 ミリである。体は黒く、複眼に暗い銅色の金属閃光があり、そして、何本か不規則の黄色の横の帯がある。翅は茶色で雲状の花模様がはっきりとあり、脚は交互に黒色と黄色である。

Syrphus torvus

漢名：野蚜蠅（ケヒラタアブ）

双翅目　ハナアブ科

体長は 13 ミリほどで、翅の長さは 12 ミリほどである。複眼は赤褐色で、胸部は黄金色、小盾片は黄色、翅は透明である。胸部は卵型で、黒色である。第 2 節の中部に 1 対の黄斑、後ろの各節に波の形の黄色の横帯がある。

Volucella sp.

漢名：蜂蚜蠅（ベッコウハナアブ）

双翅目　ハナアブ科

体長は 18～20 ミリで、頭部は茶色、額と顔は黄色である。触角は褐色。翅は透明で、中部と縁の近くははっきりと大きな暗い模様がある。腹部は卵型で、明るい黒色である。

昆虫類

Asarkina sp.

漢名:黄腹狭口食蚜蠅(ナガヒラタアブの一種)

双翅目　ハナアブ科

体長は15〜16ミリで、体は黄色褐色、腹部に黒色の横帯がある。中胸背板は長方形に近く、黒色で、少し光沢がある。背板に黄色褐色の毛で覆われている。脚はオレンジ色で、後ろ足の節は茶色褐色である。

Aporia bieti

漢名:暗色絹粉蝶(ミヤマシロチョウ)

チョウ目　シロチョウ科

翅の形は丸みを帯びており、白色で、翅の脈は黒く、翅の面に斑模様がない。後ろ翅の反面は黄色。繁殖数が多く、花や水辺でよく見られる。

101

Aporia agathon

漢名：完善絹粉蝶（タカムクシロチョウ）

チョウ目　シロチョウ科

翅の脈に黒色の線模様が多くあり、前後の翅の中に横帯が太い。後ろ翅の基部の前の縁に鮮明な黄色の模様があり、切れずに繋がっている。渓流の湿っぽい地表で集まっており、飛行速度は速くなく、数が多い。

Pieris canidia

漢名：東方菜粉蝶（タイワンモンシロチョウ）

チョウ目　シロチョウ科

開帳43～52ミリで、背は黒く、白色の繊毛があり、腹部は白色である。翅の粉は白色である。前翅の前縁に黒い細い線があり、基部に黒色の鱗片が全体にある、頂角の幅は広く黒褐色で外縁の中部は黒褐色の菱形模様が連なっている。中央部に2つの黒模様があり、下の方の後ろの縁にぼんやりと黒模様が1つある。後ろ翅の前の縁に黒色の大きな模様が1つあり、外の縁の脈に三角形の黒色の模様がある。反面の前翅と中央に2つ模様があり、比較的正面が大きく色が濃い。翅の基部の近くに黒色の鱗片があり、後ろ翅には模様が無い。中央の後方に稀な黒色の鱗片があり、肩角は細く狭く、黄色。

昆虫類

Gonepteryx aspasia

漢名：淡色鉤粉蝶（スジボソヤマキチョウ）

チョウ目　シロチョウ科

オスは前翅がレモンのように黄色く、外縁に比較的幅が広い淡色部分があり、後ろ翅は浅い黄色である。前翅の頂角と後ろ翅が尖っている。メスはクリーム色で、翅は狭く長い。模様はオスと似ている。

Colias fieldii

漢名：橙黄豆粉蝶（フィールドモンキチョウ）

チョウ目　シロチョウ科

オスの翅面と脈は黄色で、メスは灰色である。前翅の正面の頂角と外縁に黒い帯があり、後ろの縁の近いところに淡い斑点（黄色：オス、白色：メス）が黒い帯の模様内にある。翅の反面には黒い帯状は無く、外縁には横に黒色の斑点が列をなしてある。後ろ翅の正面に黒色の縁帯が狭く短くあり、臀角までは達してない。中室の脈は黄色（オス）か、灰色（メス）で、反面に少し模様があり、翅の中に1つ淡い丸い模様がある。

103

Melitaea jezabel

漢名：黒網蛺蝶（グロヒョウモンモドキ）

チョウ目　タテハチョウ科

翅の背の面は赤褐色で、外縁の黒色の帯は幅がある。縁とその塞ぎ目に赤色の小さな点が列をなしてある。中室、中央の斑列などは不鮮明で、後ろ足の腹面に3列の波状の銀の斑点がある。芝原の花でよく見られる。

Vanessa cardui

漢名：小紅蛺蝶（ヒメアカタテハ）

チョウ目　タテハチョウ科

開帳35〜75ミリ。翅の表側はオレンジ色や褐色である。翅の縁は黒く、白く小さな点がはっきりとある。裏面は暗く、褐色や灰色である。世界中に分布する美しい蝶である。

Aglais urticae

漢名：蕁麻蛺蝶（コヒオドシ）

チョウ目　タテハチョウ科

開帳38〜48ミリで、翅はオレンジ色である。前翅の前縁は黄色で、3つの小さな黒い模様があり、後ろの縁の中央部に1つ大きな黒い模様があり、その隣に比較的小さな2つの黒い模様がある。後ろ翅の基部の半分は灰色である。両翅の縁に黒色の帯の中に淡い青色の三角形の模様が列にある。後ろの翅は朱色で、3つの黒色が前縁と正面にある。頂角と端の帯は黒色で、後ろ翅は褐色で基部の半分は黒色である。外縁に青色の新月模様がある。

昆虫類

Litinga cottini

漢名：縷蛺蝶（イチモンジチョウ）

チョウ目　タテハチョウ科

翅は白色で、脈及び両側は黒色で、比較的幅がある黒色の線模様が形成されている。前翅に1本黒色の斜めの模様が前縁の基部から中室の中央部を通過し翅の後部の中央部にかけてある。

Tatinga tibetana

漢名：藏眼蝶（チベットタテハチョウ）

チョウ目　タテハチョウ科

翅の正面は暗い褐色。前翅の端の半分に斜めのいくつか淡い黄色褐色の模様があり、後ろ翅に隠れて黒色の斑模様を見ることができる。反面は灰色で、模様は黒褐色だが、前翅の端の半分は黒色で、模様は黄色褐色である。M1室に1つ小さな眼斑があり、後ろ翅の外縁に6つの黒色の丸い模様がある。1つは特に大きく、その中心に均等に小さな白い点がある。外縁、基部に沿って不規則な同色の斑模様がある。

Callerebia baileyi

漢名：白邊艷眼蝶（オオウラナミベニヒカゲ）

チョウ目　タテハチョウ科

開帳60～65ミリ。体の背面は黒褐色で、下胸は灰色である。翅は暗い赤褐色で、前翅の頂部に黒色の底に山吹色で囲った大きい目の模様が1つ、その下に1つ小さな黒色の点があり、2つは青色の中心である。後ろ翅に中心が白に黒地で赤色の囲みの小さな眼斑が1つある。

Argestina karta

漢名：黑明眸眼蝶（ジャノメチョウ）

チョウ目　タテハチョウ科

翅の正面は黒褐色で、前翅近くの頂角に白色の2つの点の黒色の眼斑があり、眼斑の周囲は赤色で囲まれている。後ろ翅の外縁に赤色の模様があり臀角は比較的大きく、小さな黒色の眼斑があり、中間に1つ白い点がある。

Libythea lepita

漢名：樸喙蝶（テングチョウ）

チョウ目　タテハチョウ科

開帳は42～49ミリ。下唇髭が長く、天狗の鼻のようになっており、これがこの種の特徴である。翅は茶色で頂角が釣り針状で、3つの小さな白い斑点がある。後ろ翅の外縁の鋸状で、中部に1つ褐色の斑点がある。成虫は常に渓流の側の湿地で吸水し、群れをなしている。

Carterocephalus dieckmanni minor

漢名：白斑銀弄蝶西藏亜種（タカネキマダラセセリ）

チョウ目　セセリチョウ科

正面は黒色で、斑点は白色である。前の翅の中室の端の模様の内側に1つ基模様があり、繋がっておらず、中室の端の模様も繋がっていない。後ろ翅の白い斑点は翅の基部と外縁の中心上にあり、容易に識別できる。広い地域で見られる。

昆虫類

Celaenorrhinus aurivittatus

漢名：斜帯星弄蝶（アカオビキコモンセセリ）

チョウ目　セセリチョウ科

翅の正面は黒褐色。前の翅の端に3つ小さな白い模様があり、前の縁の中部から臀角にかけて1本の斜めの帯がある。帯は中室上部と2A室に淡い黄色の模様があり、他は白色である。後ろ翅には模様がなく、後ろ足の脛節に褐色の房の毛がある。

Lycaena phlaeas coccinea

漢名：紅灰蝶西南亜種（ベニシジミ）

チョウ目　シジミチョウ科

前翅の正面は主に赤色で、黒色の斑点と縁が伴っている。後ろ翅の正面は主に黒色で、赤の縁を伴う。反面の底は主に赤色と灰色である。前翅の中央の黒い斑点は列をなしていない。多くは広い荒草地域で活動している。

Lampides boeticus

漢名：亮灰蝶（ウラナミシジミ）

チョウ目　シジミチョウ科

翅の正面は紫褐色で、外側は緑褐色である、後ろは緑と、暗いはいい色である、臀角には2つの黒い点がある。雌長は前の翅の半分は青紫色で、その他は暗い赤色である、後ろの翅の臀角には2つの黒い点がある。外縁が淡い褐色をしている個体はあまり見られない。翅の裏面は灰色でん多くの白色の細い線模様がある。真ん中の2本は波模様である。

107

Esakiozephyrus bieti
漢名：江崎灰蝶（エサキミドリシジミ）
チョウ目　シジミチョウ科

翅は赤褐色で、前後の翅の正面の外縁は黒い帯があり比較的幅がある。前後の翅の反面には黄色の弧の形の外帯があり、縁に黒色の斑点の列があり、中央の端の模様は長い。

Udara dilecta
漢名：珍貴嫵灰蝶（タッパンルリシジミ）
チョウ目　シジミチョウ科

同じ白色のルリシジミにとてもよく似ており、オスの前翅の大部分は青紫色で、外縁は黒色の帯で狭い。中央の黒色の部分はとても小さく、後ろ翅にだけ頂角の近くに小さな白い点があり、ほとんどは青紫で、縁は黒色である。メスの翅とルリシジミとの区別はあまりなく、翅の反面の縁にある斑点、後ろ翅の前縁及び基部にいくつかの斑点がとても明確な違いである。

Ethmia ermineela
漢名：西藏織蛾（キバラハイスヒロキバガ）
チョウ目　スガ科

小型のガである。頭及び胸背は白色で、黒色の斑点がところどころにある。前翅は白色で、黒色の斑点がある。

昆虫類

Mustilia sphingiformis

漢名：鉤翅赭蠶蛾（カイコガ）

チョウ目　カイコガ科

開帳23ミリほどで、体長18〜20ミリである。頭部は黄土色で、複眼は大きく、丸い。触角付近の1/3は双櫛歯状で、茶色であり、他は櫛歯状である。前翅は茶色で脈ははっきりしており、前縁は真っ直ぐで、端部の1/4は頂角に向かって折れ曲がっており、頂角は鉤状に水平に伸びている。外線以外は深い褐色で、中室に黒色の点が見受けられる。ガジュマルの木に寄主する。

Salassa lola

漢名：鴞目天蠶蛾（ヤママユガ）

チョウ目　ヤママユガ科

開帳は35ミリほどで前翅は黄色褐色。中室の端に比較的大きな不規則の緑色で透明な眼斑がある。後ろ翅の色は前翅より浅く、中央部に1つ浅い黒色の輪があり、中央は中室の眼斑である。中央は不規則な緑色で透明な眼斑で、斑の外周は内側から黒色、白色、オレンジ色の輪に分かれている。海抜3000メートル以下の林に生息する。

Salassa tibaliva

漢名：西藏鴞目天蠶蛾（チベットヤママユガ）

チョウ目　ヤママユガ科

開帳は47ミリで、前翅は褐色で、中室の端には円形の透明な眼斑があり、斑の周りの縁は黒色である。後ろ翅の中央部にオレンジ色の円形があり、中央は中室の眼斑で、眼斑は円形で黒色。中間色は少し浅く、外周に黒白色の円形がある。3000メートル以上の林に生息する。

109

Rinaca bieti

漢名：滇藏珠天蠶蛾（チベットヤママユガ）

チョウ目　ヤママユガ科

体は褐色で前翅に白色の鱗粉が付着している。頂角は突き出ており、内側の前縁の近くに黒斑が1つある。内線は白く曲がっており、両側に黒の末端があり、外線の2本線は波状黒色で縁線は灰色で、それぞれの脈は切り離れて亜外縁線と外縁線の間に白色の部分がある。中室の端に大きな丸の模様があり、外周は黒色で、中に小さな黒色の丸模様、その真ん中に1本の半透明な線で、その内側に線状の白色の斑がある。海抜3000メートルほどの林に生息する。

Antheraea roylii

漢名：絨柞天蠶蛾（ローンジャアティエンツァンガ）

チョウ目　ヤママユガ科

体と翅はオレンジ色で、前翅の前縁は紫褐色、頂角は少し尖っている。前翅及び後ろ翅の内線は白く、外側は紫褐色で、外線は黄色褐色である。中室の末端に比較的大きな透明な眼斑があり、円の外縁に白色、黄色、黒色、赤紫色の線状の輪郭がある。後ろ翅の眼斑の黄色線は鮮明で、その他の部分と前翅はかなり似ている。クヌギ、樫、胡桃、クスノキ、サンザシなどの木に寄主する。

Acosmeryx naga

漢名：葡萄缺角天蛾（ハネナガブドウスズメ）

チョウ目　スズメガ科

体長45～50ミリで、開帳100～105ミリである。頭は茶褐色、触角の背面は褐色で白色の鱗毛がある。体は灰色褐色。頸板及び肩板辺りの縁に白色の鱗毛がある。腹部のそれぞれの縁に茶色の横帯がある。前翅のそれぞれの横線は褐色で、亜外線は後角に達している。頂角の端は真っ直ぐで、稍内は陥没している。内側の方に深い茶色の三角形の模様及び灰色の三日月型の輪の模様があり、中室の端の前縁の近くに灰色褐色の盾型模様がある。その下の方に沿ってM1脈に茶色の線状の縦帯がある。後ろ翅の前縁及び内の縁は灰色褐色、中央部及び外縁は茶褐色、で茶色の横帯にある。翅の反面は錆色で、前縁及び外縁は灰色褐色、後ろ翅のそれぞれの横線は鮮明な赤褐色である。

昆虫類

Marumba gaschkewitschii irata
漢名：桃六點天蛾川藏亜種（タオリウディエンティエンガ）
チョウ目　スズメガ科

前翅の外縁は規則的ではなく、波状で、後角に向かって突き出ている。前翅の臀角付近に丸い斑点がある。後ろ翅の後ろ角付近に2つ丸い斑点がある。後ろ脚の脛節に脚が1対あり、爪の間の蠱は双葉に分かれている。

Cechenena lineosa
漢名：条背天蛾（ティヤオベイスズメ）
チョウ目　スズメガ科

開帳は100ミリほどである。体は褐色で、頭及び肩板の両側に白色の鱗毛がある。腹部の背面は灰色褐色で、黄土色の線がある。腹部の背面に黄土色の線模様があり、両側に黄色褐色及び黒色の斑点がある。前翅の頂角から後ろ縁の基部までに黄土色の斜め模様があり、前縁部分に黒の斑点、翅の基部に黒色、白色の毛束がある。中室の端に黒点、頂角の尖りは黒色である。後ろ翅は黒色で黄色褐色の平縁がある。ホウセンカやブドウなどに寄主する。

Deilephila elpenor macromera

漢名：紅天蛾孟加拉亜種（ベニスズメ）
チョウ目　スズメガ科

成虫の開帳は55～70ミリ。翅は赤色と緑豆色の間で、頭及び腹背は緑色だが、胸背及び腹部の背面、側面に赤色の線がある。前翅は緑豆色だが、自前縁の角は沿前縁と分かれており、外縁及び後ろ縁の中央部に赤色の線があり、翅真ん中付近の前縁に1つ白色の斑点がある。後ろ翅の基部の半分は黒褐色で、外縁の半分は赤色である。幼虫はホウセンカなどを食す。

111

Theretra boisduvalii

漢名：星點斜紋天蛾（シーンディエンシエウエンスズメ）

チョウ目　スズメガ科

体の背面は灰色褐色で前翅は褐色である。頂角から後ろ縁の1/3に1つ斜めの黒色の線があり、それは連続していない。それぞれの翅の脈が黒点上で、中室の端に1つの黒点。外の横線は2本あり、とてもかすかである。後ろ翅は黒褐色で、翅の基部に黒色の毛束がある。後ろ角及び後ろ縁にそれぞれ1つ白褐色の斑点があり、縁の毛は黄色褐色である。

Sphinx oberthueri

漢名：鷗紅節天蛾（オウホーンジエスズメ）

チョウ目　スズメガ科

翅は灰色褐色で前翅は灰色である。中室の端の外に2本の黒色の縦模様があり、上の方にぼんやりとした斜め模様がある。後ろ翅は灰色褐色で、縁の毛は黒と白の互い違いである。

Ceruru menciana

漢名：楊二尾舟蛾（ヤンアルウエイシャチホコ）

チョウ目　シャチホコガ科

体長28～30ミリ、開帳75～80ミリで全体はネズミ色である。前、後ろ翅の脈は黒色か褐色で、上部にきちんとした黒点と黒色の波模様があり、その模様内に8つの黒点がある。後ろ翅は白色で、外縁に7つの黒点がある。

昆虫類

Arguda vinata

漢名：三線枯葉蛾（サンシエンカレハガ）

チョウ目　カレハガ科

カレハガは静止時、翅が枯葉に似ていることからその名と付けられた。体長は26mmほどである。前翅は約27ミリ。メスの頭部は黄色褐色で、端は少し茶色である。触角の基部の外側の鱗毛は焦げ茶色である。複眼は黒褐色で淡い褐色の繊毛がある。触角は櫛状で、黒褐色である。胸背は黄色褐色で、中央に茶色の縦模様がある。前翅は三角形で翅面は黄色褐色、3本の斜めの横線がある。後ろ翅の前の部分は暗い色で、中央部に茶色の平縁がある。腹背は少し赤色の黄色褐色、鱗毛は緻密で長い。

Furcula nicetia

漢名：著帶燕尾舟蛾（ジュウダイイエンウエイシャチホコ）

チョウ目　シャチホコガ科

開帳は44ミリほどで、頭はねずみ色、胸部は黒色である。前翅はねずみ色。脈の模様は褐色で基線に小さな黒点の列がある。内線に暗い灰色の帯がある。後ろ翅はねずみ色で、羽の脈は褐色である。

Neopheosia sp.

漢名：雲舟蛾（ヘリスジシャチホコ）

チョウ目　シャチホコガ科

開帳42～59ミリ。頭、胸背と基部の毛が赤褐色である。腹部は灰色褐色である。前翅は淡い黄色に赤褐色の帯があり、翅の基部と後ろ縁は黒い茶色が帯の形で繋がっており、3本の暗い褐色の雲状の斜め模様がある。前縁の翅の尖の1本は少し小さく、中間の1本は比較的大きく、内側の1本は中室にあり比較的鮮明で、球状である。外線は不鮮明で、脈上に暗い褐色の点だけが比較的見つけることができる。

113

Cerura tattakana

漢名：白二尾舟蛾（タッタカモクメシャチホコ）

チョウ目　シャチホコガ科

開帳は65〜78ミリ。翅面は白色で、前胸背板の幅は大きく、10枚黒の斑点がある。翅面に緻密で規律的な牙状の模様があり、その中の近基部に1本の幅のある波状の平縁がある。中室付近に一枚の楕円の弧状の斑点模様があり、外側に裂け目がある。

Gazalina chrysolopha

漢名：三線雪舟蛾（サンシエンシュエシャチホコ）

チョウ目　シャチホコガ科

開帳は31〜48ミリで3本の黒色の横線があり、基線だけ縁から中室の1段までが比較的可視できる。内線はほとんどまっすぐ内側に斜めに伸びており、外線は前縁の斜めに伸びたところから中室の上角後ろの横脈まであり、中室の下角は四角形に曲がっており、後斜めの弯曲は後縁の中央まで達している。内線の内の前縁は黒色である。基線と内線の間の中室の下の縁に黒線がある。

昆虫類

Iotaphora iridicolor

漢名：黄輻射尺蛾（ホワンフゥショァシャク）

チョウ目　シャクガ科

前の翅の長さは 24～32 ミリ。頭頂は黄白色で、胸腹部分の背面は黄色、各腹節の後縁に白線がある。翅は淡い黄緑色で、比較的狭く長い。前と後ろの翅の中点に黒色の短い線がある。外線に黄色の帯があり、前翅の外線の中央部は外に凸であり、後ろ翅は少し弧状である。翅の端は白色で、黒色の短い放射線状の線が並んでいる。縁線は黒い灰色で極めて細く、縁毛は白色である。

Medasina contaminata amelina

漢名：烏雲蠻尺蛾（ウユインマンシャク）

チョウ目　シャクガ科

前の翅の長さは 36 ミリほどである。翅の地は白色で、黒褐色の点が密集している。外線は黒く明晰であり、その外側に黒褐色の雲状の模様がある。後ろ翅の外線は褐色で波状である。

115

第 3 章　大峡谷の生物

Ourapteryx pseudebuleata

漢名：假平尾尺蛾（ヒロバツバメアオシャク）

チョウ目　シャクガ科

体の翅は均等に白色である。前と後ろ翅の外縁に均等に黄色の縁毛がある。前翅に 3 本の少し太い黄金色の縦模様。その中の中間の 1 本は 1/3 のところまで到達しており、その他に何本かの薄い灰色の縦模様が散布している。後ろ翅の中央部に 1 本の灰色の縦模様があり、比較的太い。臀角に尾突があり、その基部の両側にそれぞれ赤色と黒色の斑点が 1 つずつある。

Comibaena ornataria

漢名：飾紋綠尺蛾（ヘリジロヨツメアオシャク）

チョウ目　シャクガ科

開帳は 15 ミリほどで、鮮明な緑色をしている。前翅の前縁は浅い緑色で、内戦は白色、中点は黒色の小さな点で、外線の白色の臀角の所に一つの赤褐色の斑がある。後ろ翅の頂角の所には赤褐色の斑点があり、臀角の所にピンク色の斑点がある。

Comibaena pictipennis superornataria

漢名：雲紋綠尺蛾四川亜種（ユインウエンルゥイシャク）

チョウ目　シャクガ科

前の翅の長さは 15 ミリで翅は緑色。前と後ろ翅の中点は黒色である。前翅の白色の内と外の線は細い。前翅の臀角と全体の後ろ翅の端の部分に赤紫色の大きな斑点がある。後ろ翅の大きな斑点の内の縁は波状に曲がっており、斑点に黄色が混じられている。縁線は翅脈の間の 1 列の黒点であり、その中の後ろ翅の頂角付近の黒点は小さな黒い斑点が幅広くある。

116

昆虫類

Geometra smaragdus

漢名：印青尺蛾（インチンシャク）

チョウ目　シャクガ科

開帳27ミリほどで、翅は緑色をしており、斑模様は白色である。前翅の頂角は尖っており、フック状である。内と外線は全て細く、中点は深緑色である。後ろ翅の外線は比較的前翅よりも明晰で、中点は深緑色である。

Timandra correspondens

漢語名：直紫線尺蛾（ジズシエンシャク）

チョウ目　シャクガ科

前翅の長さは17ミリ。下唇髭は短い。額は暗い褐色で、頭頂は白色。体及び翅は汚れた黄色をしており、翅に黒色の鱗片が散布されている。前翅の前縁は赤褐色で、赤褐色の内線がある。後ろ翅の亜縁線は真っ直ぐで、外に向けて凸に出ていない。

Alcis maculata

漢名：斑鹿尺蛾（バンルゥシャク）

チョウ目　シャクガ科

前翅は黒色で、大きさが異なる白色の斑点を帯びていて、その9つが比較的大きく、円形に近い形をしている。後ろ翅は白色が主な色で、黒色の網模様を帯びている。

Biston nepalensis

漢名：尼泊爾樺尺蛾（ネパールホワシャク）

チョウ目　シャクガ科

開帳は52ミリ。体は灰色で、多くの細くて丈夫な毛がある。前翅は狭く長い。外縁は斜めに傾いており、内と中、外の横線は黒色である。後ろ翅に外線があり、黒色で、亜端線は白い灰色はかすかに可視できる。

117

Gaurena florens

漢名：篝波紋蛾（ゴウトガリバ）

チョウ目　トガリバ科

オスは開帳35～38ミリ、メスは37～42ミリ。触角は赤褐色。頭部は黄色い灰色。頭部及び胸部の毛族は緑がかった灰色である。腹部及び毛族は浅い褐色で、光沢を持つ。前翅の地の色は深いオリーブ色で、中室の下面と外面が特に明るく黄緑色で塗りつぶされている。縁毛は黄白色と黒茶色の交差で、後ろ翅は灰色がかった茶色で光沢がある。

Habrosyne sp.

漢名：浩波紋蛾（トガリバの一種）

チョウ目　トガリバ科

開帳は約45ミリ。頭部は黄土色で、白色の斑がある。頸板を赤褐色で前縁に白色の帯と黒褐色の線がある。胸部は黄土色で白色と黄色の模様がある。前翅は茶色で生糸のようであり、中部は黄色がかった赤褐色。前縁は白色で、基部のシワの上に白色の堅鱗を構成した斜め模様があり、生糸のようで光沢がある。内線は白色で45度斜めになっている。内線の外側に3～4本の赤褐色で少し弯曲した斜めの線があり、後ろ部分はぼんやりとしている。後ろ翅は浅い褐色で、縁毛は白色である。

Horithyatira decorata

漢名：邊波紋蛾（ビエントガリバ）

チョウ目　トガリバ科

開帳は40ミリほど。前翅の地の色は浅い茶色で、翅の基部に歯状の黒色の斑点がある。その付近に3つの大きさが似ている茶色がかった白色の大きな斑点があり、その中間に1つ色が最も深いのがある。

昆虫類

Areas imperialis

漢名：黄条格燈蛾（ホワンティヤオゴァヒトリ）

チョウ目　ヒトリガ科

開帳78ミリ。前翅は黒色で、中室の基部から中室を通り中室の外に至るまで黄色の縦の帯がある。後ろ翅は黄色で横の脈模様は黒色の3日月型である。

Euphyia mediovittaria

漢名：中弦遊尺蛾（ジョンシエンヨウシャク）

チョウ目　シャクガ科

幅は29ミリ程である。体は灰色で、内羽の外線内は深い褐色で、黒褐色の細い線があり、外線は比較的まっすぐ、外線の外側は灰黄色で、2～3本の灰褐色の波状紋があり、端には白い点がある。裏は白色で、基部には褐色の斑点が並び、中点は褐色である。

Cyclidia muricoloria

漢名：印度圓鉤蛾（インドユエンカギバ）

チョウ目　カギバガ科

幅は74ミリ程度で、体と羽は灰褐色で、前翅各線はみは灰白色で、線の間には灰褐色の広い線があり、端には1列の黒い点がある。裏は灰褐色と灰色のまざった条紋で、端には黒い点が並んでいる。

Macrocilix mysticata

漢名：啞鈴帶鉤蛾（ウスギヌカギバ）

チョウ目　カギバガ科

幅は 31 〜 38 ミリで、羽は白色で、前翅の中央には一筋の黄褐色の斑点があり、上端は膨大で、内側には白灰色の斑点があり、後羽は前翅に似ており、臀部から色がだんだん深くなり、また外に向かって突出している。臀部から縁には黄色及び黒灰色の斑点が密集している。この種の羽は V 字型の黄色い斑型で、色は単純で美しく、幼虫を主食とする。

Horithyatira decorata

漢名：首麗燈蛾（ショウリヒトリ）

チョウ目　ヒトリガ科

幅は 60 〜 94 ミリである。頭頂部には黒色の斑点があり、触覚も黒色で、額には 1 つの黒い点があり、頭頂部には 2 つの黒い点がある。翅の基部は黒緑色で光沢があり、両側に黄色い毛がある。胸はオレンジ色で、緑色の線がある。足は黒色で、赤色と黄色の斑点がある。翅には円形で不規則な白かった黄色い斑点がある。ヤルツァンボ大峡谷及びその周辺区域で比較的よく見ることができる。

昆虫類

Nyctemera arctata

漢名：直尾蝶燈蛾（ジウエイディエヒトリ）

チョウ目　ヒトリガ科

翅の幅は 50 ミリ程度で、前翅の中央には白色の模様がある。主に中海抜地域に分布し、夜行性で、趨光性である。

Spilarctia rubilinea

漢名：紅線汚燈蛾（ホンシエンウヒトリ）

チョウ目　ヒトリガ科

翅の幅は 50 ミリ程度である。体は淡い黄色で僅かに褐色を帯びており、腹部の後ろ側は基部と先端を除いて赤色で、黒い点が並んでいる。翅の先から後ろの方まで 1 列の黒い点が並んでいる。

Spilarctia sp.

漢名：汚燈蛾（スジモンヒトリ）

チョウ目　ヒトリガ科

体と翅は茶色で、前翅には黒褐色の点がある。黒色の帯状の線があり、それは折れ曲がっている。

Agylla ramelana

漢名：白黒華苔蛾（バイヘイホワタイヒトリ）

チョウ目　ヒトリガ科

翅の幅は 42 〜 60 ミリである。白色で、雄は前翅の縁が黒色である。後翅には黒色の点が 1 つある。雌は前翅の淵の外線から翅の先に至るまでが黒色である。後翅には黒い斑点が 1 つある。

Diphtherocome pallida

漢名：飾青夜蛾（シチンヤガ）

チョウ目　ヤガ科

翅の幅は 35 ミリである。頭、頚板、前翅、胸部の背は緑色で、前翅の前縁は白色、内線と外線は黒色である。後翅は白色である。

Macdunnoughia crassicigna xizangensis

漢名：銀錠夜蛾西藏亜種（インディンヤガ）

チョウ目　ヤガ科

翅の幅は 34 ミリ程度で、頭部と胸部は灰色で、腹部は黄褐色である。前翅は灰褐色で、紡錘形で銀色の斑点は比較的大きい。後翅は褐色である。

昆虫類

Heliophobus reticulata

漢名：網夜蛾（ワンヤガ）

チョウ目　ヤガ科

翅の幅は 41 ミリ程度で、体は褐色、頸板の後ろの縁は灰白色で、前翅は暗い褐色、翅脈は白色である。後翅は薄暗い色である。

Euproctis dispersa

漢名：彌黄毒蛾（ミホワンドクガ）

チョウ目　ドクガ科

雄の翅の幅は 30～36 ミリで、雌の翅の幅は 39～44 ミリである。頭部と腹部の基部は黄色で、腹部の他の部分は黒色である。前翅は黄色で、基部の 2/3 は茶色で、その上に黒色の鱗片が散在しており、翅の先の黄色の部分の中には黒色の斑点があり、縁毛は黄色である。後翅とその縁毛は淡い黄色である。

Cyana zayuna

漢名：察隅雪苔蛾（チャアユイシュエタイヒトリ）

チョウ目　ヒトリガ科

雄の羽の幅は 32～38 ミリ程度である。淡い灰色で、頭と頸板は深い灰色で、腹部は灰色、端の半分は赤灰色である。前翅は淡い灰色で、内線は灰褐色である。横向きの黒い線は波うっており、また斑点も見られる。

123

Eudocima salaminia

漢名：艶葉夜蛾（イエンイエヤガ）

チョウ目　ヤガ科

成虫の体長は35〜37ミリで、翅の幅は76〜83ミリである。頭部及び胸部は緑褐色で、灰色を帯びている。腹部は黄色である。前翅の前縁と外縁は白色で、暗い茶色の細い線が入っている。前向きの脈はだんだん緑色になっており、ほかの翅の部分は金緑色で、翅脈は赤紫色である。中海抜の山区の低い場所で生活し、趣光性である。主に植物に寄生する。

Eudocima sikhimensis

漢名：錫金艶葉夜蛾（シッキムヤガ）

チョウ目　ヤガ科

大型の蛾で、翅の幅は100ミリに及ぶ。頭部は茶褐色で、腹部はオレンジ色である。前翅は黄色褐色で、形は枯れ葉に似ており、翅脈は黒い。後翅はオレンジ色で、内側には大きな黒い斑点がある。

Uroceras gigas tibetanus

漢名：西藏大樹蜂（チベットキバチ）

ハチ目　キバチ科

体長は33ミリ程度で、頭部の目の後ろにの斑点が目のようになっている。触覚は濃い黄色或いは黄褐色である。胸部と腹部は黒色である。背板には深い黄色、黄褐色、黒色の部分が子混在している。前翅の半分は僅かに浅い黄色を帯びている。

昆虫類

Gasteruption sp.

漢名：褶翅蜂（コンボウヤセバチの一種）

ハチ目　コンボウヤセバチ科

体長は 20 ミリである。体全体は黒く、翅は灰色で、翅脈は黒色である。寄生性で、雌蜂は巣穴に住み、それぞれの巣穴に 1 つの卵を産み付ける。幼虫は一般的に巣穴内で卵或いは幼虫を食べ、後にその他の餌を食べ成長する。

Apis labriosa

漢名：黒大蜜蜂（くろオオミツバチ）

ハチ目　ミツバチ科

体長は 17 ミリで、体は黒色である。腹部の第 2～5 節の背板の基部には 1 本のはっきりした銀色或いは白色の繊毛帯がある。胸部の第 1 腹節は黄褐色の毛に覆われている。前翅は褐色である。これは蜂属の中で体の大きな種であり、主にヒマラヤ山脈の周囲の雪山の下や岩影に生息する。

Anthophora sp.

漢名：条蜂（ケブカハナバチの一種）

ハチ目　ミツバチ科

体長は8ミリ程度である。体は黒色で、灰白色の毛に覆われている。上唇、額、頬はみな白くて長い毛に覆われている。上唇、目の縁、額、触覚は乳白色である。足は黒褐色で、各足の甲はみは黄褐色である。翅の基部は黒褐色である。花を好み、土を掘り巣を作る。

Bombus sp.

漢名：熊蜂（マルハナバチの一種）

ハチ目　ミツバチ科

クマバチの体は頑丈で毛は多く、一般的には体長は20ミリ程度である。多くは黒色で、また黄色或いはオレンジ色の横じまをもつ。地下に巣を作るか、或いは鳥の廃棄した巣に生息する。これは1種の多食性の半社会性昆虫で、マメ科、ハス科植物にとってクマバチは大きな働きを持つ。

昆虫類

Ammophila sp.

漢名：沙泥蜂（ジガバチの一種）

ハチ目　ジガバチ科

複眼の内側はまっすぐか、或いは僅かに弓形であり、下部は内側に傾いている。口器はとても長く、折りたたんでいる時は、多種の外顎が端や茎節の基部に接触している。腹胸節の後ろは様々な模様に覆われている。

Bembix sp.

漢名：斑沙蜂（ハナダカバチの一種）

ハチ目　ジガバチ科

複眼の下部は僅かに外に傾いている。単眼の間の距離は触角の第3節より長い。中単眼の退化し湾曲した線になっている。複眼は緑色で、胸部は黒色、黄緑色の斑点を持ち、腹部は黒と白が互い違いになっており、白色の中には緑色の箇所もある。砂地に巣を作る。

127

ヤルツァンポ大峡谷の植物

　生物の多様性に関する数々の調査と共に大峡谷地区の花、或いは植物を471種類（シダ植物及びまだ花や実を見たことのない重要な大木植物含む）記録した。その内訳は71科299属である。

　ここの典型的な植生類型の種類は豊富で、針葉・広葉混合林、針葉林、林と草地の混合地、高山における水辺の茂み、高山湿地、流石灘、及び湿地、河合の砂地、集落の生活地などの計9種類である。

　針葉・広葉混合樹林は針葉樹及び広葉樹から成り、クヌギ属・カエデ属・トウヒ属・カラマツ属の高木を主とする。水辺の茂みではよくスグリ属・バラ属・カズマミ属等を含む種類が見られる。針葉林はトウヒ属・モミ属・マツ属の高木を主とし、林の下の水辺の茂みには、まばらではあるが地表には大きなコケが生えている。林と草地の混合地は複雑な構成になっていて、水辺の茂みには非常に豊富な種があり、その中にはバラ属・スグリ属・カエデ属等の低木或いは高木がよく見られ、林の下の草地は比較的複雑で多様な構成であり、よく見られる種は菌類である。高山湿地の主要種はツツジ属であり、ある時はヤナギ属・キムジロ属などの低木と混生し、それらが高い場合は木の下には大量のコケが生えており、ヨモギ属・アモドゴロ属等の陰性植物も見受けられる。また低木が低い場合、その隙間にはよくサクラソウ属の植物も見受けられる。

植物類

　高山湿原は草本植物を主とし、種の多様性は比較的豊富である。主要な群体はタデ属、イチリンソウ属、キジムシロ属、イワベンケイ属等であり、その中のキジムシロ属ノミノツヅリ属、イワウメ属等は植物形成の典型的な基盤である。この類型の植物群落とその下の高山における過度な湿地帯にはみな均しくメコノプシス属、リンドウ属、ユキノシタ属、スマランサス属等が見られ、どれもみな高山観賞価値の高い草花である。流石灘植物の多様性は比較的欠乏しており、ダイオウ属、スマランサス属等の植物を除いて、湿原の過渡地帯ではよく低いヤナギ属、イワウメ属、ツツジ属等の植物が見られる。

　湿地は湿原と湖畔及び渓流沿いの2種類に分けられ、湿原は林において見られ、通常細い渓流を伴い、その中にはサクラソウ属、アヤメ属、シオガマギク属、キンポウゲ属等の植物が典型的な景観を形成していて、非常に観賞価値が高い。湖畔及び渓流沿いの湿地にはリュウキンカ属、サクラソウ属、シオガマギク属等の植物が代表的な種類である。湖中、及び流れの比較的早い渓流の中にはヒルムシロ属、フサモ属、キンポウゲ属等の典型的な水浮き草或いは潜水草植物が見られ、流れの比較的緩やかな渓流と池や沼の中にはミズハコベ属、タヌキモ属の潜水植物が見られる。

　河谷の砂地は乾燥しており風がよく吹き、植物の多様性は乏しい。但し常に存在する特殊な植物が大量に成長している。その中にはエンジュ属、ヌスビトハギ属、キバナオウギ属、ハマウツボ属等植物が等しく典型的な群になっている。集落の生活区域の植物は、ヒト寄生性植物が主であり、その中の多くは広く分布し、また少量の外来種も含まれている。

　大峡谷地区において、異なる季節或いは時間、異なる生物環境類型の中で見られる野生の草花の種類及び景観にもまた違いがある。典型的な高山四大草花であるサクラソウ、ツツジ、メコノプシス、リンドウは当地区において均しく十分に鑑賞することができ、この他にも、セツレンカ、ダイオウ等典型的な高原植物、補虫スミレ、タヌキモ等の食虫植物がこの地区で見ることができる。同時に針葉広葉混合樹林から高山湿原に至るまでに、多種の野生ラン科植物を見ることもできる。

高山上のエイサンコウ　ツツジ

ツツジは中国10大鑑賞草花の1つであり、全世界に900種のツツジがある。その中で中国には530余りの種が存在し、全世界の59％を占める。雲南、チベット、四川3省の念青唐古拉山の東側、喜馬拉雅山の東側、横断山一帯が特に世界のツツジの発祥地と分布の中心である。

Rhododendron nyingchiense

漢名：林芝杜鵑（ロードデンドロン・ニンティ）

ツツジ科　ツツジ属

低木であり、高さ30〜100センチである。小枝は暗い紅褐色の鱗片で覆われ、葉、芽、鱗片は早くに落ちてしまう。葉は円状楕円形か楕円形で先端は鋭くない。基部は広い楔形或いは円形であり、上側は暗い緑色で、鱗片に覆われている。下側は暗い紅褐色の鱗片に覆われ、柄の部分も同様である。先端に花がいていて、その先は3〜4輪の花がある。花梗は密接鱗片を覆い、萼はとても小さい。花冠は細い筒状になっており、赤色、ピンク色もしくは白色である。管内外は均しく柔毛に覆われている。子房は鱗片に覆われており、無毛であり花柱と子房は近い。また開花は五月である。ニンテイツツジはチベットの南東部ニンテイ地区に分布し、ニンテイの特有種である。海抜3700〜4300メートルの林或いは山の斜面で成長する。

植物類

Rhododendron charitopessubsp.tsanfpoense

漢名：藏布杜鵑（ロードデンドロン・ツァンブ）

ツツジ科　ツツジ属

常緑色の低木であり、高さは 25～90 センチであり、1.5 メートルに達することもある。小枝には鱗片がある。葉は芳しい香りを放つが、少なくまばらである。また、種子の形は楕円形で、枝下の葉は比較的小さく、先端は鋭くない。短く先の尖ったものもあり、基部は段々狭い形になっている。上側は暗い緑色で、ある時は光沢があり、鱗片に覆われている場合とそうでない場合がある。花は先端についていて、傘型である。花冠は針状或いは太い針状であり、白色、ピンク、または淡い紫色であり、時に濃い色の斑点をもつ。蒴果も比較的小さい。開花は 6 月で、実の成る季節は 7～8 月である。この種のツツジは主にニンテイ地区に分布し、大峡谷の多雄拉山口において見られる。

Rhododoronon campylocarpum

漢名：弯果杜鵑（ロードデンドロン・カンピロカルプム）

ツツジ科　ツツジ属

常緑の低木であり、高さは 1.2～2.5 メートルである。葉は固く、卵型である。花は先端に傘型でついており、6～8 輪の花を咲かせる。花冠は針状で、鮮やかな黄色をしている。基部には僅かに深い紅色の斑点がある時がある。蒴果は円柱状であり、湾曲し半円形になっている。開花は 5～6 月で、実の成る季節は 8～9 月である。中国のチベット東部の海抜 3000～4000 メートルのモミ林及び低木の群生地帯に分布する。大峡谷の天脉神湖においてこの種は観察される。

Rhododendron cephalanthum

漢名：毛喉杜鵑（ロードデンドロン・ケファランツム）

ツツジ科　ツツジ属

常緑の低木で、地面を這う形或いは横ばいの形をしている。めったに直立することはなく、高さは 0.3 〜 0.6（〜 1.5）メートルである。葉は厚く革質であり、楕円形或いは卵型で、匂いは芳しい。花は先端についており、5 〜 10 輪の花が密集してついている。花芽は開花の時期に蓄え、萼は大きい。淡い黄緑色で、花冠は狭い筒状であり、白色或いはピンク色、バラ色になる。開花の時期は 5 〜 7 月で、実の成る季節は 9 〜 11 月である。青海、四川北西部、雲南の北部、北西部、及び中部、チベットの東部及び南部の海抜 3000 〜 4600 メートルの石の多い坂や高山湿地に分布し、特に高山の優勢種である。

Rhododendron chamaethomsonii

漢名：雲霧杜鵑（ロードデンドロン・シャトソンソノン）

ツツジ科　ツツジ属

直立する低木であり、高さは 15 〜 90 センチである。樹皮は薄く剥がれ落ちる。葉は皮質であり、卵形或いは楕円形である。先端に花が咲き、傘状の花を形成する。花は 1 〜 4 輪であり、花冠は針状で深い赤色、外側の基部には僅かに柔毛がある。蒴果は長い円柱状で開花は 6 月である。雲南省北西部とチベット南東部の海抜 4200 〜 4500 メートルの高山の湿潤な岩の斜面に分布する。ヤルツァンポ大峡谷の多拉山の至る処で見ることができる。

植物類

Rhododendron nivale

漢名：雪層杜鵑（ロードデンドロン・ニヴァレ）

ツツジ科　ツツジ属

常緑の低木で、常に平たく地面に沿う形状で、高さは（30～）60～90（～120）センチである。小さい枝は褐色で、黒色の鱗片に覆われている。葉は密集しているか散らばって生えており、革質で楕円形である。表面は暗い灰色で、灰色或いは黄金色の鱗片に覆われている。裏面は黄緑色から淡い黄褐色であり、淡い黄金色と深い褐色の鱗片に覆われている。花は先端につき、1～2輪の花を咲かせ、萼は切れ込みがあり、円形或いは帯状で、外面は通常鱗片に覆われている。花冠はじょうご状で、長さは（7～）9～14（～16）ミリで、ピンク色チョウジは紫である。花弁は開いており、おしべは8～10ミリ、やくと花冠は等しく長い。花柱は通常おしべより長い。蒴果は円形から卵型であり、鱗片に覆われている。開花は5～8月で、8～9月に果実は実る。チベットの東南部、南部、東部及び北部の海抜3200～5800メートルの高山の水辺の茂み、氷河、湿地、に分布し茂みの湿地における優性種である。

Rhododendron pumilum
漢名：矮小杜鵑（ロードデンドロン・プミルム）
ツツジ科　ツツジ属

常緑の低木であり、旋回し屈曲している茎をもつ。高さは15～23センチで、葉は枝先に密集しており、革質で卵形あるいは楕円形に近い形をしている。花は先端につき、花は1～3輪程である。花冠は鋭い筒状で、長さは3～4.5cmであり、赤からピンク色の間の色をしている。開花は5～6月で10～11月に果実が実る。雲南の西北部、チベットの南東部において生まれた花で、海抜3000～4300メートルの高山の水辺の茂み、岩坂、苔のついたしめった崖、湖の岸において成長する。

Rhododendron thomsonii
漢名：半圓葉杜鵑（ロードデンドロン・トムソニイ）
ツツジ科　ツツジ属

常緑の低木或いは小高い木であり、高さは2～4メートルある。葉は常に3～5枚ほどが枝先で密集しており、革質で、楕円形或いは円形に近い。花は傘上になっており、4～8輪の花が咲く。萼はカップ状になっており、下部は緑色、上部は赤色である。花冠は針状或いは管状で、長さは4～5センチ程度である。花の色は深い赤色を主とし、6月に開花する。チベットの南部に分布し、海抜3300メートルの雑木林の中において成長する。

植物類

Rhododendron wardii

漢名：黄杯杜鵑（ロードデンドロン・ウォーディー）

ツツジ科　ツツジ属

常緑の低木或いは小高い木で、高さは4～7メートルに達する。葉は革質で、円形或いは楕円形である。花は傘状で先端に咲き、7～14輪の花を咲かせる。花冠はカップ状で長さは4㎝、幅は3.5～5センチで、色は黄色、開花は7～8月である。大峡谷の派鎮から徒歩で墨脱まで行くと、松林の付近でこの種のツツジを見ることができる。この種は僅かに毒を持っており、アレルギーを引き起こす可能性がある。鑑賞する時は花に触れてはならない。

Rhododendron aganniphum var.schizopeplum

漢名：裂毛雪山杜鵑（ロードデンドロン・リエマオシュエシャン）

ツツジ科　ツツジ属

常緑の低木であり、高さは1～3メートル。葉は卵形或いは広い楕円形で、裏面の毛は比較的薄く、白灰色から褐色に変化する。傘状の花序には花12輪ほど咲く。花冠はじょうと状で鋭く、長さは約3センチであり、ピンク色は白色に変わり、深い赤色のものには斑点がある。6～8月開花する。寒く湿潤で酸性の肥沃な土壌を好む中国特有の種である。チベット南東部に分布し、海抜3500～4600メートルの暗い信用樹林と高山の水辺の茂みに多い。また雲南北部にも分布する。

高原の春の使者 # サクラソウ

サクラソウは1種の草本植物で、この種の中国名報春と学名のPrimula（最初という意味）には早く咲く花という意味が含まれており、春の早い季節氷雪が解けるころに満開になる。よって「春の使者」と称されている。

Primula ninguida

漢名：林芝報春（プリムラ・ニンティ）

サクラソウ科　サクラソウ属

多年生の植物であり、葉は披針形で上面はわずかに柔毛に覆われ、下面は黄色の粉に覆われている。花茎は高さ約15センチで先は僅かに粉に覆われている。傘状の花は1輪で、3～15輪の花を咲かせる。花冠は深い赤紫色で細長い。喉部には輪状の付属物があり、筒の周囲は橙色である。冠ひさし部分の直径は15～20ミリ、花弁は円形或いは楕円形で長さは8～12ミリ、幅は3～5ミリである。6月に開花し、海抜3900～5000メートルの高山湿地、渓流沿い、水辺の茂みにおいて成長する。

植物類

Primula falcifolia

漢名：鎌葉雪報春（プリムラ・フリフォイリア）
サクラソウ科　サクラソウ属

多年生の植物である。根は粗く短いひげ根である。葉は基部より鱗片に折りたたまれ包まれ、鱗茎である。高さは2～5センチであり、葉は線状の披針形で深い緑色である。茎はだんだん細くなり、ふちにはのこぎり状の歯がある。葉の柄はかなり短いか葉の2分の1程度の長さである。花葶は高さ10～20センチで、その先には1～2輪の花が咲く。萼はカップ状で長さは5～8ミリで、分裂し中部に近づく。花弁は四角で花冠は黄色である。冠筒の長さは12～13ミリで、7月に開花し実は8月に成る。中国チベットの特有種で米林、墨脱に分布する。海抜3250～4300メートルの高山の草地、湿地、モミ林の下において成長する。大峡谷の派鎮から墨脱まで徒歩で移動し、多雄拉山の上で見ることができる。

Primula alpicola

漢名：雑色鐘報春（プリムラ・アルピコラ）
サクラソウ科　サクラソウ属

多年生の頑丈な植物である。粗くて短い根状の茎と多数の長い根をもつ。葉は円形または楕円形である。花葶の高さは15～90センチである。傘状の花序は通常2～4つで、それぞれ5輪の花が咲く。蕾は小さく披針形或いは円形か卵形であり、長さは6～20ミリで、幅は1.5～5（8）ミリ、緑色或いは赤褐色を帯びており、通常粉に覆われている。花冠は黄色或いは淡い黄色であり、7月に開花する。チベット南東部（朗県、米林、林芝）に分布し、海抜3000～4600メートルの水辺やその茂み、湿地において成長する。これは大峡谷一帯で最もよく見られるサクラソウの種である。

137

Primula alpicola var.alba

漢名：白花雑色鐘報春（プリムラ・アルピコラ）

サクラソウ科　サクラソウ属

この種の白花類型であり、多年生の丈夫な植物である。粗くて短い根状の茎と多数の長い茎を持つ。葉は円形または楕円形である。花葶は高さ15～90センチで、傘状の花序は通常2～4輪であり、それぞれ5輪の花が咲く。蕾は小さく披針形或いは円形または楕円形であり、長さは6～20ミリであり、幅は1.5～5（8）ミリである。緑色或いは赤褐色を帯びており、通常粉に覆われている。また、花冠は白色であり、7月に開花する。チベット南東部（朗県、米林、林芝）に分布し、海抜3000～4600メートルの水辺およびその付近の茂み、林間の湿地において成長する。

Primula alpicola var.violacea

漢名：紫花雑色鐘報春（プリムラ・アルピコラビオラケア）

サクラソウ科　サクラソウ属

この種の紫花の類型であり、多年生の頑丈な植物である。粗くて短い根状の茎と多数の「長い茎を持つ。葉は円形または楕円形で、花葶は高さ15～90センチで、傘状の花序は通常2～4輪であり、それぞれ5輪の花が咲く。蕾は小さく披針形或いは円形または楕円形であり、長さは6～20ミリであり、幅は1.5～5（8）ミリである。緑色或いは赤褐色を帯びており、通常粉に覆われている。また、花冠は紫色であり、7月に開花する。チベット南東部（朗県、米林、林芝）に分布し、海抜3000～4600メートルの水辺およびその付近の茂み、林間の湿地において成長する。

植物類

Primula bellidifolia

漢名：菊葉穂花報春（プリムラ・ベリディフォリア）
サクラソウ科　サクラソウ属

多年生の植物で、根状の茎は短く、多数の繊維状のひげ根をもつ。葉は披針形から円形であり、柄の長さは6～18㎝、幅は1～2.5センチである。花葶の高さは10～38（45）ミリで毛はない或いは僅かに覆われている。先は多少白い粉に覆われており、花は下を向いている。通常7～15組の花序を組織し、萼は針状であり、長さ5～7ミリである。花冠は赤紫色から淡い青紫色である。チベット南部（亜東、錯那、朗県、米林、林芝）に分布し、海抜4200～5300メートルの石の多い坂やツツジ或いはモミの木の下において成長する。

Primula calderiana

漢名：暗紫脆蒴報春（プリムラ・カルデリアナ）
サクラソウ科　サクラソウ属

多年生の植物で、粗くて短い根状の茎と肉質の長い根を持ち、咲きたての時はいやな匂いがする。葉は基部から鱗片に包まれており、また円形または匙形及び披針形である。傘上の花序は1輪で、(2) 4～25輪の花を咲かせる。蕾は披針形或いは細い三角形で、萼はつり状である。花冠は暗い紫色或いは濃い赤色であり、白色は極めて少ない。冠筒口の周囲は黄色である5～6月に開花し、果期は7～8月である。チベット（亜東、錯那、隆子、朗県、米林、林芝、墨脱）に分布し、海抜3800～4700メートルの高山の草地及び水辺において成長する。

139

Primula cawdoriana

漢名：条裂垂花報春（プリムラ・カドドリアナ）

サクラソウ科　サクラソウ属

多年生の植物で粗く根状の茎と多数のひげ根を持つ。葉は卵形また匙形である。花序は頭状で、花は3～6輪である。垂れ下がった蕾は卵状の披針形或いは円形に近い形で、長さは5～7mmであり、常に紫色に染まっている。冠状が花序の先を覆っている。萼はカップ状で花冠は細い釣鐘状で、長さは（1.7）2～3センチであり、上部は青紫色で、下部は白がかった緑色であり、8月に開花する。チベットの南東部（隆子、朗県、林芝）に分布し、海抜4000～4700メートルの石の多い坂の草地において成長する。これは大峡谷区域内において比較的よく見られるサクラソウである。

植物類

Primula chungensis

漢名：中甸燈台報春（プリムラ・チュンゲンシス）

サクラソウ科　サクラソウ属

多年生の植物であり、根茎は極めて短く、支根は下に向けて伸びる。葉は密集し、楕円形、円形である。花葶は通常1枚で葉の中より出てくる。高さは15〜30センチであるが、ある時は80センチまで到達する。節の部分は僅かに粉に覆われ、傘状の花序は（1）2〜5輪ある。それぞれ3〜12輪の花が咲く。蕾は三角から披針形で、少し粉に覆われている。萼は釣鐘状で内部は黄色の粉に覆われており、外部は僅かな粉に覆われているもしくは覆われていない。花冠は　淡い橙色で5〜6月に開花する。雲南北西部（中甸）、四川（木里）とチベット南東部（波密、芝林、察隅）に分布する。林の草地と水辺で成長し、これは大峡谷の比較的よく見られるサクラソウである。

Primula dickieana

漢名：展瓣紫晶報春（プリムラ・ディッキエアナ）

サクラソウ科　サクラソウ属

多年生の植物であり、根茎は極めて短く、支根は下に向けて伸びる。葉は基部に密集し少数の鱗片を包み、鱗片は披針形或いは線形である。葉は楕円形及び披針形であり、花葶は8〜20センチである。花は単独に或いは2〜6に組織され、傘状の花序を形成する。咢は細い釣鐘状で花冠は黄色、白色、淡い紫色、或いは青色である。この種の花は様々な色があり、同じ型の花が出現することがあり、また変異の比較的大きな種である。雲南北西部とチベット南東部に分布し、湿潤な高山草地において成長する。

植物類

Primula hookeri

漢名：春花脆蒴報春（プリムラ・フケリ）

サクラソウ科　サクラソウ属

多年生の植物で、粗く短い根状の茎と肉質の長い根を持つ。葉は瓦状に包まれた鱗片に覆われ、また鱗片の形は卵または円形である。葉の形は卵形或いはさじ型である。開花時は1.5～4センチほどであり、まばらな腺体に覆われている。傘状の花序は（1）2～3輪で、蕾は線形或いは錐形である。萼は広い釣鐘状或いはカップ状である。花冠は白色であり、6～7月に開花する。雲南省北西部（徳欽）とチベット南東部（朗県、米林、墨脱）に分布し、海抜4000～5000メートルの高山湿地、石の多い坂と林の下において成長する。大峡谷の多雄拉山においてよく見ることができる。

Primula prenantha

漢名：小花燈台報春（プリムラ・プレアンサ）

サクラソウ科　サクラソウ属

多年生の植物であり、葉はかなり短い茎から伸び、支根と多数の繊維状のひげ根をもつ。葉は円形あるいは楕円形であり、花葶は1～2枚、葉の茂みの中から出ており、高さは10～15センチであり、20センチに達することもある。傘状の花序は1～2輪で、それぞれ2～8輪の花が咲く。蕾は線形針状であり、花は黄色で5～6月に開花する。雲南省南西北部（貢山）とチベット南東部（隆子、朗県、墨脱、林芝、米林）に分布し、海抜2400～3300メートルの高山湿地で成長する。

143

Primula sikkimensis

漢名：鐘花報春（プリムラ・シッキメンシス）

サクラソウ科　サクラソウ属

多年生の植物で、花序に粉があるのを除いてその他に粉はない。粗く短い根状の茎と多数の繊維状のひげ根をもつ。葉は楕円形或いは針状で、花葶はわずかに丈夫である。高さは15～90センチで先は黄色い粉に覆われている。傘状の花序は通常1輪で、ある時は第2の花序が形成される。花冠は黄色で、乳白色は少なく、乾いた後は緑色に変化する。開花は6月で9～10月に果実が実る。海抜3200～4400メートルの林の湿地や湿原で成長する。四川省の西部、雲南省北部とチベット（吉隆から東に向かいヤルツァンボ川流域の林芝、昌都、芒康等まで）に分布する。これは大峡谷一帯において最もよく見られるサクラソウである。

Primula valentiniana

漢名：暗紅紫晶報春（プリムラ・バレンチニナ）

サクラソウ科　サクラソウ属

多年生の植物であり、根は粗く短く、下に向かって粗く長い支根が伸びている。葉は卵形から針形であり、花葶はカップ状である。花冠は淡い赤紫色から深い赤紫色である。7～8月に開花し、雲南省北部（貢山）、チベット（察瓦龍から米林の多雄拉山一帯まで）に分布する。海抜3800～4200メートルの高山湿地や泥炭を含む土壌において成長する。これは大峡谷の多雄拉山で見られるサクラソウである。

植物類

Primula walshii

漢名：腺毛小報春（プリムラ・ワルシイ）

サクラソウ科　サクラソウ属

多年生の小さめの植物で、粉はなく、高さは2センチに達するほどである。根状の茎は粗く短く、多数の繊維状のひげ根を持つ。葉は針形或いは円状の針形である。開花した頃の花葶はかなり短く、だんだん長くなっていく。結果高さは3センチに達することもある。先端には1～4輪の花が咲き、萼は筒状である。花冠はピンク色或いは淡い青紫色で、6～7月に開花する。7～9月には実が成る。チベット南部と南東部、四川西部に分布し、海抜3800～5400メートルの高山湿地や草地、水辺において成長する。

Primula advena var.euprepes

漢名：紫折瓣報春（プリムラ・アドバサ）

サクラソウ科　サクラソウ属

多年生の植物で、葉は針形或いは楕円形である。花葶は丈夫で、高さは50センチに達し、先端は粉に覆われている。傘状の花序は1～3輪で、それぞれ5～12ほどの花を咲かせる。蕾は線形に近い。萼はせまい釣鐘状であり、深い緑あるいは紫色であり、褐色の小腺点を持ち、花冠の付け根は長く、冠筒は管状で、黄色或いは紫である。花弁は淡い黄色で、円形、蒴果は僅かに萼よりも長い。7～8月に開花し、チベット東部の特有種である。

145

高山の小さな青　リンドウ

毎秋に開花するリンドウは、高原において咲く青色の小花であり、まもなく枯れようとする湿地に咲く空色の花がまさにリンドウである・中国のリンドウは240種あり、大多数は西南地区に分布する。リンドウの味は苦く、その根と茎の成分には解熱や痙攣を抑える作用がある。

Gentiana lacinulata

漢名：条裂龍胆（チャボリンドウ）

リンドウ科　リンドウ属

多年生の植物であり、高さ2～3センチである。葉は楕円形から卵状の楕円形である。花は数輪あり、小枝の先端には単独で咲いている。萼は筒状で、花冠の上部は青紫色で下部は黄緑色、また長い付け根でカップ状である。8月に開花し、チベット東南部の海抜3900～4230メートルの高山湿地に分布する。

植物類

Gentiana prainii

漢名：柔軟龍胆（プライニーリンドウ）

リンドウ科　リンドウ属

1年生の植物で、高さは4〜10センチでる。茎は黄緑色で、光沢があり、下部より枝が分岐している。枝は弱く、斜めに伸びている。葉は紙質で、淡い緑色である。開花時に葉は枯れる。先端においては単独で1輪の花が咲き、萼は釣鐘上である花冠は白色で、青灰色で短く細い紋をもち、釣鐘型である。花柱は短くはっきりしており、短い円形である。9月に開花し、蒴果は外側が露出している。チベットの海抜3800メートルの水辺の茂みに分布する。

Gentiana pseudoaquatica

漢名：假水生龍胆（ヤチリンドウ）

リンドウ科　リンドウ属

1年生の植物で高さは3～5センチ。茎は赤紫色或いは緑色。葉の先は鋭くないものも、鋭いものも両方存在し、外側は反っており、縁は軟骨質である。花は多数あり、枝の先端には単独で咲いている。花冠は深い青色で、外側は黄緑色の太い紋があり、漏斗形である。4～8月に実はなる。チベット東部及び南西、北西、北東部の海抜1100～4650メートルの河灘、水辺、坂草地、沼地、湿地、林の下などに分布する。

植物類

<small>ヒマラヤの青きケシ</small> メコノプシス

メコノプシスに言及する大部分の人は一般人である。と言うのは、メコノプシスは海抜3000〜4000メートル以上の流石灘と氷河の淵において成長し、平原谷の谷底では到底見ることができないからである。ヨーロッパ人の崇高するメコノプシスは「世界の名花」「ヒマラヤの青きケシ」と呼ばれる。中国には40種のメコノプシスがあり、その多くは横断山区とヒマラヤ山脈分布しており、この2つの地域においては恥じることない「ヒマラヤの青きケシ」の故郷である。またメコノプシスは中国語で「緑絨」であるが、それは決して緑の花を指しているのではなく、緑色の茎に生えた繊毛を指す。それ故この植物は「緑絨蒿」と呼ばれる。

Meconopsis betonicifolia

漢名：藿香葉緑絨蒿（メコノプシス・ベトニキフォリア）
ケシ科　メコノプシス属

1年生或いは多年生の植物である。茎は頑丈で枝分かれはしない。高さは30〜90センチで無毛或いは僅かに錆色の長い柔毛に覆われている。基部から生える葉は針形或いは楕円形である。花は3〜6輪で、最上部の茎に生える葉の付け根から咲いており、まれに下部の葉の付け根から咲いている。花弁は4片或いは先端の物は5〜6片で、空色或いは太い卵形である。雲南省の北西部、チベットの東南部の海抜3000〜4000メートルの草斜面或いは林の下に分布する。

Meconopsis integrifolia
漢名：全縁葉緑絨蒿（メコノプシス・インテグリフォリア）
ケシ科　メコノプシス属

1年生から多年生の植物で、全体が錆色と黄金色であり、ぴんと伸びている或いは反っている。また多くの長い柔毛に覆われている。茎は頑丈で、高さは150センチに達し、太さは2センチに達し、枝分かれしない。基部より生える葉は蓮台状で、その間にはよく鱗片状の葉が混ざっており、葉の形は針形、楕円形或いはさじ形である。最上部の茎から生える葉はよく枯生きているように見せる偽物で、形は針状或いは筋状である。通常花は4〜5輪で、花弁は6〜8枚、形は円形或いは楕円形で黄色或いは稀に白色のものがある。5〜11月が開花、実の成る季節である。甘粛省西南部、青海省東部から南部、四川省西部と北部、雲南省北部お東北部、チベット東部に分布する。海抜2700〜5100メートルの高山の水辺の茂み、草斜面、、山の斜面、湿地に生息する。

Meconopsis paniculata
漢名：錐花緑絨蒿（メコノプシス・パニクラータ）
ケシ科　メコノプシス属

1年生の植物である。この種は枝が分かれ、黄色に覆われており、多くの短い枝分かれした柔毛及び散り散りの繊毛に覆われている。基部から生える葉は密集しており、葉は形態がよく変化し、針形、楕円形である。花は多く、下垂には並んだ花序が見られ、花弁が4枚は稀で5片は卵形から円に近い形であり、色は黄色である。開花、実の成る時期は6〜8月である。チベット南部、東部の海抜3000〜4350メートルの林の下や草地或いは水辺、路肩に分布する。

植物類

Meconopsis pseudohorridula

漢名：擬多刺綠絨蒿（メコノプシス・ホリドゥラ）

ケシ科　メコノプシス属

1年生の植物で、全体は黄褐色の硬くまっすぐの刺に覆われている。葉は全て基部から生えており、形は楕円或いは細い楕円形である。花葶数枚で丈夫であり、黄褐色硬くまっすぐの刺に覆われており、花の下の刺は特に密集している。花は花葶の上に単独で咲いている。萼の外面は刺に覆われている。花弁は広く卵形で、淡い青紫色である。開花、実の成る季節は7〜8月で、チベット南東地区（林芝地区）に分布し、海抜4700メートルの山地の流石灘付近において成長する。この種のメコノプシスは林芝に多く分布し、この種の美しく珍しい植物を観察したいなら、必ず海抜4000メートル以上区域なで登る必要があるだろう。美しい花を目にすることは簡単なことではない。

Meconopsis racemosa

漢名：總狀綠絨蒿（メノコプシス・ラセモサ）

ケシ科　メコノプシス属

1年生の植物で、高さは20〜50センチで、全体は黄褐色或いは淡い黄色の堅くまっすぐの刺に覆われている。茎は円柱状で、枝分かれはせず、ある時は基部の花葶と混生する。基部から生える葉は楕円状の針形、或いは卵形、細長い形である。花は上部（約3分の1以上）の葉の付け根に咲き、最上部の花には蕾がなく、ある時はまた、基部より生える葉の付け根の花葶の上に咲く。萼は楕円形で、外面は刺のような毛に覆われている。花弁は5〜8片あり、細長い円形で、空色或いは青紫色、ある時は赤色で、毛は生えていない。5〜11月に開花し実が成る。

Meconopsis simplicifolia

漢名：単頁緑絨蒿（メコノプシス・シンプリシフォリア）

ケシ科　メコノプシス属

1年生或いは多年生の植物で、高さは20～50センチである。この種の上部は橙色或いは黄金褐色に覆われており、多くの短い枝分かれした剛毛に覆われている。花の芽は太い卵形で、萼の外面は枝分かれした剛毛が生えている。花弁は5～8枚で、卵形、長さは4～5センチ、色は紫色から空色である。6～9月に開花、実がなる。チベット南東部から中南部（林芝、米林、錯那、亜東、聶拉木）に分布し、海抜3300～4500メートルの山坂や水辺の草地、或いは岩場に生息する。

植物類

ヤルツァンボ大峡谷の著名な鑑賞植物

Rheum nobile

漢名：塔黄（セイタカダイオウ）
タデ科　ダイオウ属

多年生の植物で、高さは1〜2メートルである。茎は単生で枝分かれはしない、また丈夫でまっすぐ育ち、茎は外部に露出していない。全体は蕾と葉に覆われており、味は酸っぱい。基部より生える葉は数枚で、蓮台状になっており、多数の茎から生える葉と大型の葉は円形である。花序は付け根から枝分かれし、花は5〜9輪咲き密集している。花弁は6枚以下と比較的少なく、基部は連合しており、上部は直立し外側に反ってはいない、また楕円形であり、内輪は3枚でやや大きい。長さは2mm、幅は1mm程度である。外輪は3枚でだいたい小さく、黄緑色である。6〜7月に開花し、9月に実が成る。茎と葉はみなチベットの薬の1種である。海抜3900〜4000メートルの草地の坂において成長する。この種は高山植物で、通常峠付近で成長するため、これを見るには少しの勇気がいるだろう。大峡谷の那拉錯あるいは多雄拉山においてこの種を見ることができる。

第 3 章　大峡谷の生物

Siinopodophyllum hexandrum

漢名：桃児七（シノポドフィルム・ヘクサンドルム）

メギ科　キキュウ属

多年生の植物で、高さは 40 〜 80 センチ、茎は直立しており、基部は茎を抱えるように鱗片に覆われている。上部には 2 〜 3 片の葉がある。葉は長さ 30 センチに到達する柄を持ち、葉の形は心臓のようである。雌雄異花同株の種であり、外輪は大きく、内輪は比較的小さく、また果実は卵円形で熟した時は赤色になり、種子は多数ある。この種は海抜の比較的高い平坦な山谷及び直射日光のよく入る林、林の周りや水辺の茂みにおいて成長し、陝西省、甘粛省、青海省、四川省、雲南省、チベット等に分布する。チベットの南東、大峡谷の草地や林の木の下においては比較的よく目にすることができ、4 〜 5 月に咲かせるピンクの花はかなり美しい。この種の根茎と果実はともに薬用としての価値があり、経絡・筋肉関節に滞留した風湿の邪を取り除き、咳や痛みを止め、血液を活性化させ、解毒をする効果がある。

Cypripedium tibeticum

漢名：西藏杓蘭（チベットアツモリソウ）

ラン科　アツモリソウ属

多年生の植物で、高さは 15 〜 35 センチである。葉の形は楕円形である。花序は頂生し、1 輪の花を咲かせる。蕾は葉状で楕円形或いは針形である。花は大きく下に垂れており、紫色・赤紫色・暗い栗色である。通常は淡い黄緑色の斑点がある。花弁の上部の斑点ははっきりしており、袋状の花弁の入り口部分の周囲は白尾色或いは明るい色である。5 〜 8 月に開花する。チベット東部と南部に分布し、林の下、水辺の茂み、或いは乱石灘に生息する。

植物類

Iris chrysographes

漢名：金脈鳶尾（アイリス・クリソグラフェス）

イチハツ科　イチハツ属

多年生の植物である。基部には少数の橙褐色が見られ、繊維状の枯れた葉の鞘がある。基部から生える葉は筋状で、灰緑色である。　花葶は直立しており、頑丈で、中が空洞になっており、葉と近く同じくらい長い。花は大きく濃い赤紫色、直径は12センチに達する。花は細く長い管に覆われており、蕾にも覆われている。外輪の3輪は花弁に包まれ円形で、基部は突如狭く変化し、ウリのように成る。内面は織物のようであり、中火には一筋の黄金色の条紋が入っており、内輪の3輪は花弁に覆われており、細い針形である。また、花柱は3つに枝別れしており、花弁状であり、弓状になっている、先端は舌状である。蒴果は円状の楕円形で、長さは5〜5.5センチである。種子は卵形で、橙褐色である。四川省、雲南省に分布し、海抜1200〜4400メートルの山坂、草地或いは林の淵に生息している。魯朗周辺地区においてこの種の美しく優雅な花は比較的よく見られる。

Cassiope selaginoides

漢名：岩須（イワヒゲ）

ツツジ科　イワヒゲ属

常緑の小さな低木で、高さは5〜25センチで、枝は多く分かれて密集している。外に傾きつつ伸びる或いは下に垂れている状態、交互に歯が密生している。葉は硬く革質で、針形或いは楕円形である。花は液生で、下に垂れており、花冠は乳白色で釣鐘状である。4〜5月に開花し、6〜7月に実が成る。四川省西部、雲南省北部、チベット島南部に分布する。海抜（2000〜）2900〜3500（〜4500）メートルの水辺の茂み、草地に生息する。高山の峠付近でよくこの種はよく見られる。

Cassiope fastigiata

漢名：掃帚岩須（カシオープ・ファスティギアタ）

ツツジ科　イワヒゲ属

常緑の群生の低木で、高さは 15～30 センチである。枝は多く密集しており、外側に向かって伸びほうき状になっている。葉は硬く革質で、枝の上は 4 列の瓦上の列を成しており、形は円形である。淡い緑色或いは橙色でだんだん先に向かって尖っており、先端は固い膜質（最後にはよく抜け落ちる）である。葉の周りには長いまつ毛のような銀白色（最後には灰色）である。6～7 月に開花し、花単は葉の付け根から伸びる。下垂に関して萼は 5 枚で、針状で、紫色である。花冠は釣鐘型で白色である。蒴果は球形で、直立している。チベットと雲南省の海抜 3800～4500 メートルの山坂の水辺の茂み或いは氷の河原において分布し、常に群生している。これは高山地区の植物である。多雄拉山或いは那拉錯を超え歩いている時、岩石の上にこの種の植物を見ることができる。

Iris decora

漢名：尼泊爾鳶尾（アイリス・デコラ）

アヤメ科　アヤメ属

多年生の植物で、基部の周囲には大量の褐色の毛髪状の枯葉の鞘が繊維状に残っている。葉の形は筋状である。茎の高さは 10～25 センチで。蕾は 3 枚で膜質、色は緑色、針形であり、内側に 2 輪の花が含まれている。花は青紫色或いは淡い青色で、花硬の長さは 1～1.5 センチである。花は細長い管に覆われ、長さは 2.5～3 センチで、幅は約 1.8 センチ、中脉上には黄色で繊毛上の付属物があり、内花は花弁に挟まれ楕円形或いは針形である。蒴果は卵形で、長さは 2.5～3.5 センチで、直径約 1 センチ、先端は短い。6 月に開花し、7～8 月に果実が実る。

植物類

Gymnadenia crassinervis

漢名：短距手參（ミヤマモジズリ）

ラン科　テガタチドリ属

■ 国家Ⅱ級保護植物

高さ23～55センチの植物である。茎は楕円形で、肉質、下部は分裂しており、花弁は細長い。茎は直立しており、比較的頑丈で、円柱形である。花序には多数で密集する花があり、円錐状の卵形或いは円柱形である。蕾は針形或いは卵状の針形で、垂直に伸び、先端はだんだん尖っている。花粉は赤色で、罕帯は白色である。花弁は直立しており、幅の広い楕円形で、短い円筒状で下に垂れている。花粉は球状で細長い柄がある。花期は6～7月で果期は8～9月である。四川省西部、雲南省北部、チベット東部から南部に分布し、海抜3500～3800メートルの山坂やツツジ林或いは石の隙間に生息する。この種は米芝の有名な特産の漢方の1種である。

Herminium chloranthum

漢名：矮角盤蘭（クロランサム）

ラン科　ムカゴソウ属

■ 国家Ⅱ級保護植物

陸生のランで、高さは4～15センチ。茎は直立しており、基部には葉が生える。葉は1～2枚であり、円形、楕円形或いはさじ形である。花序には少数から多数にわたる花が咲き、つぼみは小さく、卵形である。花は淡い緑色で、先は垂れている。花弁には菱状の楕円形で、先はするどくない。基部はだんだん狭くなっており、肉質である。花弁は角ばっており、肉質である。雲南省北西部や四川省南西部に分布し、海抜3000～4100メートルの山坂に生息する。

Neottia acuminate

漢名：尖唇鳥巣蘭（ゼンセンケイサカネラン）

ラン科　サカネラン属

■ 国家Ⅱ級保護植物

腐生のランで、高さは14〜30センチである。茎は円柱状で橙色、3〜5枚の鞘がある。花序は4〜8センチで、よく20輪余りの花を咲かせる。花は黄褐色で、常に3〜4輪で1つの群を形成している。花弁は針形で、萼は短く狭い。花弁の先は針形である。中国雲南省北西部や四川省西部と北東部、甘粛省、青海省、陝西省、山西省、河北省、錫金、日本、ロシアに生分布する。海抜1500〜3500メートルの林に生息する。

Orchis chusua

漢名：廣布紅門蘭（オルキス・チャスア）

ラン科　オルキス属

■ 国家Ⅱ級保護植物

陸生のランで、高さは7〜35センチである。葉は1〜4枚で、2〜3枚となると多いとされる。形は針形である。先は急に鋭く或いはだんだん鋭くなっている。花茎は直立しており、無毛であり、花序は1〜10枚の花が咲いており、片側に偏っている。蕾は針形で、最下部の蕾は花と同じ程度の長さである。花は比較的長く、紫色で、花弁は狭い卵形で、萼は比較的小さく、先は鋭くない。花弁の先は比較的長い。吉林省、黒竜江省、陝西省、甘粛省、湖北省、四川省、雲南省、チベット、台湾に分布する。

植物類

Orchis diantha

漢名：二葉紅門蘭（オルキス・ダイアンサ）

ラン科　オルキス属

■ 国家Ⅱ級保護植物

陸生のランで、高さは8〜15センチである。葉は2枚で柄があり、さじ状の円形或いは楕円形で先は鋭く或いは丸みを帯びている。基部はだんだん柄のようになっている。花葶は直立しており、無毛、花序には1〜5輪の花が片側に偏って咲いている。花は赤紫色で中ぐらいのおおきさである。花弁は円形である。陝西省（宝鶏玉皇山）、甘粛省南部、青海省東北部、四川省西部、雲南省北西部とチベット東部から南部に分布し、海抜2300〜4300メートルの山坂や水辺の茂み、或いは草地に生息する。

Orchis latifolia

漢名：寬葉紅門蘭（オルキス・ラティフォリア）

ラン科　オルキス属

■ 国家Ⅱ級保護植物

陸生のランで、高さは13〜40センチである。葉は3〜6枚で、楕円形或いは針形で先は鋭くなくいものとだんだん尖るものがある。花葶は直しており、丈夫で無毛である。花序には10輪余りの花が咲き、花は赤紫色で比較的大きく、片側に偏ることなく咲いている。萼は同じような大きさで、比較的花弁は大きく先端は鋭くない。花弁の先は円形でわずかに萼より長く先は丸みを帯びており、3つに分裂していることもある。黒竜江省、内モンゴル、ウイグル、甘粛省、チベット、四川省西部と南西部に分布し、海抜630〜3500メートルの山坂或いは水辺の草むらに生息する。また、茎は漢方としても使用される。

159

Orchis wardii

漢名：斑唇紅門蘭（オルキス・ワーディー）

ラン科　オルキス属

■ 国家Ⅱ級保護植物

高さ12〜25センチである。基部には2枚の葉があり、比較的厚く、葉は広い楕円形である。花序には5〜10輪余りの花が咲き、片側に偏ることなく咲いている。また花序の軸は無毛である。花は赤紫色で、萼と花弁とその口には濃い紫色の斑点がある。萼片は均等に長く、中萼は直立しており、楕円状の針形で先端はとがっていない。萼側は開いているか反っており、鎌状の針形で、先端はわずかに丸みを帯びている。花弁は直立しており楕円形の針形である。花弁の口はまっすぐ伸び、楕円形である。花期は6〜7月である。草地や腐った草の中に隠れて咲いている。

Hemipiliopsis purpureopunctata

漢名：紫斑蘭（ズーバンラン）

ラン科　オルキス属

■ 国家Ⅱ級保護植物

高さは20〜50センチである。塊茎は円形或いは楕円形である。茎は直立しており、紫色の斑点を持ち、基部には1枚の葉が生え、上に向かった2〜5枚の蕾状の小さな葉をもつ。葉は楕円形で、長さ5〜15センチで、幅は2〜5センチ、長さは8〜20センチである。花硬と花序軸にはともに紫色の斑点があり、無毛である。花弁は直立しており、楕円形で紫色である。花期は6〜7月である。チベット南東部に分布し、海抜2100〜3400メートルの山坂の常緑広葉樹林やクヌギ林の下や草地に生息する。

植物類

Equisetum arvense

漢名：問荊（スギナ）

トクサ科　トクサ属

中小型の植物である。根茎は斜めに伸び、直立と横ばいをしている。黒がかった茶色で節と根は密生し黄茶色で長生が生える、或いは無毛で光沢のある状態である。地上の枝はその年に枯れる。枝は2種類あり、育つ枝は春に枝先が育ち、高さは5～35㎝で、中部の直系は3～5ミリで、節の間の長さは2～6センチで、黄茶色で茎は枝分かれしない。鞘筒は栗色或いは淡い黄色で、長さは約0.8センチである。鞘歯は9～12枚で栗色、長さは4～7ミリで細い三角形である。鞘の後ろの上部には一筋の線があり、胞子が散った後育ち枯れる。育たない枝は高さ40センチに達し、主枝の中部の直径は1.5～3ミリで、節間の長さは2～3センチで、緑色、枝分かれを多くする。主枝の中部以下は枝分かれをする。後ろ側は弧を描き、角はなく、横紋があり、小さなこぶはない。鞘筒は細くて長く、緑色で、鞘歯は三角形で5～6枚である。真ん中あたりは黒茶色で縁は膜質で、淡い茶色である。側枝は柔らかく繊細で、平たく、3～4本の細くて高い脊があり、脊の後ろ側には横紋がある。鞘歯は4～5枚で、針形で緑色である。縁は膜質である。胞子の袋状の穂は円柱状で、長さは1.8～4センチで、直径0.9～1センチ、先は丸みを帯び成熟時には柄が長く伸び、その柄の長さは3～6センチである。

Lepisorus morrison

漢名：白邊瓦韋（ノキシノブモリソン）

ウラボシ科　ノキシノブ属

高さは10～30センチで、根状の茎は頑丈で、横ばいで鱗片に覆われている。鱗片は楕円状の針形で、中部の網目は小さく、正方形から長方形の形である。縁は常に破れており歯状を呈している。葉は通常比較的近くに生え、葉の柄はわら色で、形は針形で長さは12～30センチである。胞子袋は円形で密集しており、主脈と葉の間にある。チベット、雲南省北西部、四川省に分布し、海抜1300～4100メートルの林の下或いは岩石の上に生息する。

161

Phymatopteris malacodon

漢名：彎弓假瘤蕨（ウラボシ）

ウラボシ科　セリゲア属

附生の植物である。根状の茎は横ばいで、鱗片に覆われており、鱗片は針形である。葉は長さ10〜15センチ、幅は約8〜14で羽状に深く裂けている。基部はハート形で、花弁の先はとがっており、縁は鋭くのこぎり状になっている。葉脈ははっきりしており、側脈は曲がっている。ほとんどは葉の端まで達しており、小さな脈は見えない。葉は革質に近く、両面とも無毛で表は緑色、裏は青白い。

Drynaria sinica

漢名：秦嶺槲蕨（ドリナリアシニカ）

ワラビ科　ワラビ属

根状の茎は直径1〜2センチで、宿存のある葉の柄と葉軸を持ち、鱗片に覆われている。鱗片は斜めに伸びている。基部には両側に長さ4〜11ミリ、幅0.5〜1.5ミリの耳のよう形のものがあり、その縁には重歯がある。通常石或いは土から生え、たまに木の上に生える。

植物類

Abis georgei var.Smithii

漢名：急尖長苞冷杉（トドマツ）

マツ科　モミ属

1～3年生の大木で、枝は密接に褐色或いは錆褐色の毛に覆われている。葉は細長く、先端は凹状で、裏面には2本の気孔帯があり、縁は僅かに下に向かって反っている。球果は卵状の円柱形である。中部の種鱗は扇状の四辺形である。苞鱗はさじ形或いは卵形で、種鱗と等しい長さ或いは比較的種鱗が長い。縁には細く欠けたような歯があり、先端は円く、僅かに凹んでいるものもある。中央には長さ約4mmの鋭い突起がある。雲南省南西北部、四川省南西部及びチベット南東部に分布し、海抜2500～4000メートルの高山地帯において単独で林をなし、或いは杉と一緒に混合林を形成する。ヤルツァンボ大峡谷林帯においてこの種の非常によく見られる。

Larix potaninii var.macrocarpa

漢名：大紅果杉（オオミコウマツ）

マツ科　カラマツ属

大木で高さは約50メートルで、直径は約1メートルである。樹皮は灰色或いは灰褐色で、縦に避けきめは粗い。枝は真っ直ぐ伸び、樹冠は円錐形で球果は比較的大きく、長さは5～7.5センチ、直径は2.5～3.5センチである。種鱗は多く大きく、約75枚で、長さは1.4～1.6センチ、幅は1.2～1.4センチである。質地は通常比較的厚く、種子の長さは5ミリで直径は3ミリである。四川省南西部、チベット南東部および雲南省北西部の海抜2700～4000メートルの高山地帯に分布する。日光に強く、適応性は高い。寒い気候及土壌の悪い環境に耐えることができる。

Picea likiangensis var.linzhiensis

漢名：林芝雲杉（ウンナントウヒ）

マツ科　トウヒ属

高くて大きな大木である。小枝は淡い黄灰色で、毛が密に生えている。葉は線形で、裏には気孔があり、個別の葉は1～2本の不完全な気孔線がある。球果は柱形或いは卵形の円柱状で、長さは4～9センチで、成熟前は赤紫色或いは黒紫色である。鱗片は薄く、縁には波状の鈗歯がある。この種は林芝地区に広く分布する種であり、ヤルツァンボ大峡谷の高山区、魯朗花海の牧場等でよく見られる種である。海抜2900～3700メートルの地区において成長する。

163

Sabina squamata

漢名：高山柏（サビナビャクシン）

ヒノキ科　イブキ属

形態は低木（高さ1～3メートル、地面を這う蔓になる）、或いは大木（高さ5～10メートル余り）である。樹皮は灰褐色で、枝は斜め、或いはまっすぐ伸び、枝皮は暗褐色或いは紫色或いは黄色で、不規則にうすく剥がれ落ちる。小枝はまっすぐ或いは湾曲し、下に垂れるかまっすぐ伸びるかである。葉は全て針形で、3葉が交差している。球果は卵楕円形或いは球形で、成熟前は緑或いは黄緑色で、成熟後は黒色或いは暗い青色である。わずかに光沢があり、白い粉はなく、その内種子は1粒である。種子は円形或いは桐状の球形で、長さは4～8ミリで、直径は3～7ミリ、また樹脂もあり、上部にはよく2～3本の筋がある。

Populus mainlingensis

漢名：米林楊（ミーリンポプラ）

ヤナギ科　ヤナギ属

大木であり、高さは20～30メートルである。枝は灰褐色で、柔らかい枝は繊毛をもつ。芽は長く卵形で、光沢があり、粘質である。葉は広く卵状のハート形で、長さは10センチ、幅は8センチ、先端は尖っており、基部はハート形、縁は細くのこぎり状である。小さい時には縁毛があり、表面は暗い緑色で、縁には毛があり、裏面は青白く毛に覆われている。花序の長さは15センチに達し、軸の毛は密である。花盤は浅く波うっている。蕾は円形で赤褐色である。先端には亀裂が入っている。この種の木はよく米林や林芝一帯で見られ、ヤルツァンポ大峡谷地区の特有の種である。海抜3000～3800メートルの山坂や川辺に生息する。

Salix floccose

漢名：叢毛矮柳（サリックス・フラァコォウス）

ヤナギ科　ヤナギ属

低木で、高さは約30～50メートルである。枝分かれは多い。小枝は暗い褐色で、古い枝は黒色である。当年生の枝はよく柔毛に覆われ、古い枝は無毛である。葉は楕円形で、ある。表は緑色で無毛、よく光沢がある。裏面は幼葉の時は灰白色の長い柔毛に覆われ、後は巻毛になるか、無毛になるかである。ふちはのこぎり状である。花序と葉は同時にひらき、当年生の枝の先において着生し、軸は柔毛に覆われる。花期は7月で、果期は8～9月である。雲南省の南西北部、チベット東部に分布し、海抜3600～4000メートルの高山の水辺の茂みに生息する。

植物類

Solix lindleyana

漢名：青藏塾柳（サリックス・リンドレイヤナ）

ヤナギ科　ヤナギ属

低木で、主に地面を這い、暗い褐色である。当年生の枝は赤褐色で、斜めに伸び、まばらな長い柔毛に覆われるか、或いは無毛である。また古い枝は無毛である。葉は卵状の楕円形で、表は明るい緑色で、無毛、中脈ははっきり凹んでいる。裏面は白色で無毛である。花序と葉は同時に開き、楕円形で、それぞれの花序には数輪の花が咲き、当年生の枝先に着生する。基部に正常な葉があり、軸はまばらに長い柔毛に覆われる。或いは無毛である。花期は6月中旬下旬であり、果期は7～9月である。ヤルツァンボ大峡谷の那拉錯の徒歩路線で、よくこの種の植物がよく見られる。チベット及び雲南省南西北部で見られ、海抜4000メートル以上の高山の山頂の比較的湿った岩の影に生える。

Salix luctuosa

漢名：絲毛柳（サリックス・スーマオ）

ヤナギ科　ヤナギ属

低木で、高さは1.5～3メートルで、枝は直立している。小枝は最初繊毛を持つが、古い枝はほとんど無毛であり、緑褐色或いは黒褐色で、光沢がある。葉は楕円形で表は緑色で無毛或いは中脈には毛がある。裏は初めは柔毛があり、だんだん柔毛はなくなっていく。しかし中脈は依然として毛はあり、両端は鋭くない。花は密集して咲く。花序は5センチに達し、蒴果の長さは約3ミリである。花期は4月で、果期は4～5月である。ヤルツァンボ大峡谷の那拉錯の徒歩路線でよくこの種が見られる。チベット東部、雲南省、四川省、陝西省（太白山）等に分布し、海抜1500～3200メートルの川辺や山坂に生息する。

Salix paraheterochroma

漢名：藏紫枝柳（チベットカワヤナギ）

ヤナギ科　ヤナギ属

低木であり、高さは約3メートルである。1年生の小枝は褐色で、無毛であり、当年生の小枝の最初には綿毛上の繊毛があるが、後に繊毛はなくなる。葉は楕円形で、両端に向かっただんだん細くなり、先端は鋭い。基部は楔形で、表は深い緑色で、裏は淡い緑色、また葉脈は黄色である。花序の後に葉は開く（これは幼果序だけに見られある）。花期は8月下旬であり、チベット東部に分布する。また可罰3300～3400メートルの山坂の林に生息する。

165

Salix paraplesia

漢名：康定柳（サリックス・コウテイ）

ヤナギ科　ヤナギ属

比較的小さめの木で、高さは6～7メートル、小枝は紫色或いは灰色で、無毛である。葉は楕円形或いは針形である。花と葉は同時に開き、密集して咲いている。花期は4～5月で果期は6～7月である。ヤルツァンボ大峡谷の那拉錯の徒歩路線でこの種の植物を見ることができる。山西省、陝西省、甘粛省、寧夏、青海省、四川省及びチベット東部に分布し、海抜1500～3800メートルの山の川や山の脊梁に生息する。

Salix sclerophylla

漢名：硬叶柳（サリックス・スクレロフィラ）

ヤナギ科　ヤナギ属

直立する低木で、高さは0.3～2メートルである。小枝は多くの節があり、珠串状であり、暗い赤紫色或で、無毛である。葉は革質で、形状は多様に変化し、楕円形や卵形などがある。花序は楕円形である。蒴果は円錐形で、長さは3.2ミリで、柔毛があり、柄がない或いは短い柄がある。チベット東部、四川省西部、青海省及び甘粛省南東部に分布し、海抜4000～4800メートルの山坂及び水辺の茂み或いは林の中に生息する。常に群生している。

Betula utilis

漢名：糙皮樺（ヒマラヤバーチ）

カバノキ科　カバノキ属

高木であり、高さは33メートルに達し、樹皮は暗い赤褐色で、層状に裂けている。枝は赤褐色で、無毛、腺があることがあり、小枝は褐色で、樹皮腺と短い柔毛に覆われている。比較的無腺で無毛のものが少ない。葉は厚く紙質で、楕円形で、チベット東部、四川省西部、青海省および甘粛省南東部に分布する。海抜4000～4800メートルの山坂および水辺の茂み或いは林の中に生息し、常に群生している。

植物類

Quercus aquifolioides

漢名：川滇高山櫟（コウヨウカシ）

ブナ科　コナラ属

常緑の高木で、高さは20メートルに達し、乾燥した日の当たる坂或いは山頂では低木として生えている。葉は楕円形で、古い樹の葉は端の部分が円形である。基部は円形或いは浅いハート形である。花序の長さは3センチに満たず、殻斗は浅いカップ状で、堅果の基部を抱える形になっている。堅果は楕円形で、直径1～1.5センチで、高さは1.2～2センチ、無毛である。花期は5～6月で、果期は9～10月である。四川省、貴州省。雲南省、チベット等に分布し、海抜2000～4500メートルの山坂の日の当たる場所や松林の下に生息する。

Urtica laetevirens

漢名：寛葉蕁麻（コバノイラクサ）

イラクサ科　イラクサ属

多年生の植物である。茎は繊細で、高さは30～100センチで、節間の長さは比較的長く、ひし形である。刺や粗い毛が稀に見られ、節の上には粗い毛が密生している。枝分かれしているのもある。葉は常に膜質で、円形或いは針形である。上に向かってだんだん細くなっており、基部は円形或いは楔形である基部と先端の縁を除いては鋭い或いは鋭くないのこぎり状になっており、両面にはまばらに刺と粗い毛がある。花期は6～8月で、果期は8～9月である。これはチベット南東地区でよく見られる野草で、ヤルツァンボ大峡谷の山坂や農家の近くでよく見られる。茎葉上の刺はよく人に刺さり、刺さった後は皮膚が赤くはれ、かゆみがとまらなくなる。それゆえ、大峡谷内を徒歩でこの種観察する時は注意しなければならない。

Urtica tibetica

漢名：西藏蕁麻（チベットイラクサ）

イラクサ科　イラクサ属

多年生の植物で、根状の茎は木質化しており、荒く1センチほどである。茎は基部より多く出ており、高さは40～100センチ程度で、ひし形で淡い紫色である。また、まばらに刺と粗い毛があり、少数の枝は分かれている。葉は楕円形或いは針形で、先は尖っている。基部は円形或いはハート形で周りに細かい刺がついている。表面にはまばらに刺と細く粗い毛があり、裏面には短い柔毛と脈上の刺毛に覆われている。葉の柄は長さ1～3センチであり。まばらに刺毛や細かい粗い毛に覆われている。托葉は毎節4枚で、離れて生えており、針形である。花期は6～7月で、果期は8～10月である。チベットヤルツァンボ江流域中流の青海省（共和県）に分布し、海抜3200～4800メートルの山坂に生息する。

167

Polygonum amphibium

漢名：両棲蓼（エゾノミズタデ）
タデ科　タデ属

多年生の植物で、根状の茎は横ばいである。水中に生息するものは、茎が漂流しており、無毛である。葉は楕円形で、水面に浮いており、先はあまり尖っていない。基部はハート形で両面とも無毛である。陸に生えるものは、茎は直立しており、枝分かれはしないか、或いは基部が分かれている。高さは40〜60センチで、葉は針形或いは楕円形で、先端はとがっている。基部は円形に近く、両面は硬い伏毛に覆われている。花期は7〜8月で、果期は8〜9月である。中国東北部、華北、西北、華東、華中と西南に分布し、海抜50〜3700メートルの湖岸の水深の浅い場所や湿地および田などで成長する。

Polygonum griffihii

漢名：長梗拳参（ポリゴナム・グリフィティ）
タデ科　タデ属

多年生の植物である。根状の茎は頑丈で、横ばいで、黒褐色である。長さは20センチに達する。茎は直立しており、高さ20〜40センチである。花序は穂状であり、頂生或いは腋生で、下を向いている。長さ3〜5センチで、直径は1.5〜2センチである。蕾は広い針形或いは楕円形で、長さは4〜5ミリで、それぞれに1〜2輪の花がある。中部には関節がある。雄蕊は8、花と比べて短く、花柱は3、柱頭は頭状である。痩果は楕円形で、黄褐色で光沢がある。長さは4〜5ミリで蕾は花の内側に宿存する。花期は7〜8月で、果期は9〜10月である。雲南、チベットに分布し、海抜3000〜5000メートルの坂の草地や岩場に生息する。

Polygonum capitatum

漢名：頭花蓼（ヒメツルソバ）
タデ科　タデ属

多年生の植物で、茎は這っており、基部は木質化している。節の間は葉に比べて短く、枝分かれは多くしており、まばらに腺毛がある或いは無毛である。1年生の枝はだいたい直立しており、まばらに腺毛が生えている。卵は楕円形で、先端は鋭く、基部は楔形で、縁には腺毛がある。裏表両面とも腺毛がまばらにあり、表面はあると時は黒褐色で、新月形の斑点がある。花序は頭状で、単生或いは対をなしており、頂生する。花序は腺毛を持つ。痩果は楕円形で、長さ1.5〜2ミリ、黒褐色で、小点が密生しており、わずかに光沢がある。蕾は花の内側に宿存する。花期は6〜9月で、果期は8〜10月である。この種は薬としても使用される。中国大部分において見られ、海抜600〜3500メートルの山坂や山谷湿地に生息する。

植物類

Polygopnum sibiricum

漢名：西伯利亜蓼（ポリゴナム・シバリア）

タデ科　タデ属

多年生の植物で、高さは10～25センチである。根状の茎は細長い。葉は楕円形或いは針形で、先端は尖っているものもある。基部は矛形或いは楔形である。花序は円錐状で、頂生し、花は列をなし、まれにまばらである。つぼみは漏斗状で、無毛、通常それぞれに4～6輪の花が咲く。痩果は楕円形で、黒色で光沢がある。花果期は6～9月である。

Polygonum suffultum var.pergracile

漢名：細穂支柱蓼（クリンユキフデ）

タデ科　タデ属

多年生の植物である。根状の茎は頑丈で、通常念珠状になっている。花序は穂状になっており、まばらで細い。蕾は膜質で、楕円形である。痩果は楕円形で、黄褐色で光沢がある。花期は6～7月で、果期は7～10月である。海抜1500～3900メートルの山坂の林や山谷湿地において成長する。

Polygonum viviparum

漢名：珠芽蓼（ポリゴナム・ビビパルム）

タデ科　タデ属

多年生の植物である。根状の茎は頑丈で、湾曲しており、黒褐色である。葉は楕円形或いは針形で、先端はだんだん鋭くなっており、基部は円形或いはハート形、楔形である。両面ともに無毛であり、脈端は厚い。花序は穂状で、頂生し、緊密で、下部は珠芽が入る。花は白色か淡い赤色である。また花弁は楕円形である。花期は5～7月で、果期は7～9月である。この種の植物はヤルツァンボ大峡谷の林の下、高山湿地でよく見られる。東北、華北、河南、北西および南西に分布し、海抜1200～5100メートルの高山或いは亜高山の湿原に生息する。

169

Rheum acuminatum

漢名：心葉大黄（アクミナタムダイオウ）

タデ科　ダイオウ属

中型の植物で、高さは 50 ～ 80 センチで、根は比較的細長く、内部は黄色であり、白色の斑紋がある。葉は 1 ～ 3 枚で、ハート形で、先は鋭い。円錐状の花序は中部より枝分かれしており、10 輪ほどで密集しおり、赤紫色である。果実は楕円形である。花期は 6 ～ 7 月で、果期は 8 ～ 9 月である。四川省、雲南省及びチベットに分布し、最も北に分布するものは甘粛省南部である。海抜 2800 ～ 4000 メートルの山坂や林周辺に生息する。

Rumex nepalensis

漢名：心葉大黄（キブネダイオウ）

タデ科　ダイオウ属

多年生の植物である。根は頑丈で、茎は直立している。基部の葉は楕円形で先端は鋭く、基部はハート形である。花序は円錐状で花は両性である。花硬の中下部には関節がある。花弁は 6 枚で 2 輪となし、外輪の花花弁は楕円形で長さ悪 1.5 ミリである。内花の花弁は果期に増え、楕円形で、長さは 5 ～ 6 センチである。先端は鋭く、縁には 7 ～ 8 の刺歯があり、その長さは 2 ～ 3 ミリで、先はかぎ状になっており、一部分或いは全部分はこぶになっている。痩果は楕円形で、先端は鋭どく、長さは 3 ミリで、褐色で光沢がある。花期は 4 ～ 5 月で、果期は 6 ～ 7 月である。この種の植物は 1 種の薬材で、根と葉の両方を薬に入れることができ、止血や痛み止めの効果がある。

Rheum webbianum

漢名：喜馬拉雅大黄（ヒマラヤダイオウ）

タデ科　ダイオウ属

高くて大きな植物で、高さは 0.5 ～ 1.5 メートルである。茎は頑丈で、中は空洞である。基部より生える葉は通常長く、ハート形或いは楕円形、先端は鋭いものもそうでないものもある。大型の円錐形の花序は 1 ～ 2 回ほど枝分かれし、花は比較的小さいく黄色がかった白色である。花弁は楕円形である。種子は楕円形で、幅は約 4 ミリで、果期は 8 ～ 9 月である。チベット西部および中部に分布し、海抜 3500 ～ 4660 メートルの山坂地帯に生息する。

植物類

Portulaca oleracea

漢名：馬歯莧（ハナスベリヒユ）

スベリヒユ科　スベリヒユ属

1年生の植物で、全体は無毛である。茎は横或いは斜め地に這って伸びる。枝分かれを多くし、円柱形で長さは10〜15センチ、色は淡い緑色或いは暗い赤色である。葉は互生である時は対生である。葉は平たく厚く、楕円形で馬の歯の形に似ている。花に便はなく、通常3〜5輪が密集して枝先に咲いている。正午に花は開き、花弁は通常5枚で黄色、楕円形である。花期は5〜8月で、果期は6〜9月である。中国南北各地で均しく見られる。肥沃な土壌を好み、乾燥や冠水に耐えることができ、生命力は強い。菜園や田、路肩によく見られる雑草である。全世界の温帯と熱帯地区に等しく見られる。また薬草として用いられ、解熱や解毒、炎症の抑制、渇きをいやす、利尿作用などがある。種子は動物の薬や農薬としても利用でき、粘質の茎は野菜としても食べられ、味は酸っぱいがとても良い飼料である。

Chenopodium foetidum

漢名：菊葉香藜（フォティダムアカザ）

アカザ科　アカザ属

1年生の植物で、高さは20〜60センチで、強烈な臭気がし、全体にはまばらに生えた柔毛に覆われている。茎は直立で、緑色で通常枝分かれしている。葉は楕円形で、縁は羽状に浅くまたは深く裂けており、先端は鋭いものもある。基部はだんだん細くなっている。花は両性で花期は7〜9月で、果期は9〜10月である。東北、北西、南西に分布し、林の草地や川岸、民家の付近に生息し、時には田んぼの雑草として生える。

Stellaria decumbens

漢名：堰臥繁縷（ハコベ）

ナデシコ科　ノミノツヅリ属

多年生の植物で、直径は10〜20センチである。茎は頑丈で繊細なものもあり、白色の柔毛に覆われている。葉は楕円形で長さは3〜4mmである。花は一般的には単生であり、花弁は5枚、白色で、2つに深く裂けている。蒴果は比較的短く、種子は2〜8粒で円形、表面はつるつるしている。花期は7〜8月で、果期は9〜10月である。チベット南東部や四川省西部に分布し、海抜3000〜5600メートルの山坂の路肩に生息する。

171

Cerastium thomsonii

漢名：藏南巻耳（チベットミミナグサ）

ナデシコ科　ミミナグサ属

多年生の植物で、高さは 5 〜 15 センチである。茎は直立して群生しており、繊細である。葉は楕円形である。花は少なく、花序は傘状で、蕾は細く膜質である。花は大きい。種子は茶褐色である。チベット地区に分布し、海抜 2500 〜 3500 メートルの低木の群集や山坂の草地、湿地などに生息する。

Pseudostellaria himalaica

漢名：須彌孩兒参（ヒマラヤワチガイソウ）

ナデシコ科　ワチガイソウ属

多年生の植物で、高さは 3 〜 13 センチである。茎は細く直立しており、枝別れをし、白色の柔毛に覆われている。葉は楕円形或いは針形である。花弁は 5 枚で、白色の楕円形で、萼と比べてわずかに長い。先端は少し凹んでいるものもあり、基部はだいたい細い。種子は楕円形で褐色、直径約 0.5 ミリである。表面は突起が無い。花期は 5 〜 6 月で、果期は 6 〜 7 月である。四川省、雲南省、チベット東部に分布し、海抜 2300 〜 3800 メートルのスギ林や常緑の広葉樹林の下の岩石の上或いは草地に生息する。

Sagina japonica

漢名：漆姑草（ハマツメクサ）

ナデシコ科　ツメクサ属

1 年生の小さな植物で、高さ 5 〜 20 センチで、上部には稀に柔毛がある。茎は密集しており、わずかに平たく散らばっている。葉は線形で、先はとがっていて無毛である。花は小さく、枝先に単生している。花弁は 5 枚で萼よりわずかに短く、白色で先は丸みを帯びている。花期は 3 〜 5 月で、果期は 5 〜 6 月である。北東、華北、北西（陝西、甘粛）、華東、華中と南西に分布する。海抜 600 〜 1900 メートル（南西では 3800 〜 4000）の川岸の砂地、荒廃地或いは路肩の草地に生息する。この種は薬草として使用でき、解毒や解熱の効果があり、鮮葉を絞汁には傷をいやす効果もある。粘り気のある時は豚の飼料としも使用できる。

植物類

Silene conoidea

漢名：麥瓶草（オオシラタマソウ）

ナデシコ科　マンテマ属

1年生の植物で、高さ25～60センチで、全体は短い腺毛に覆われている。茎は単生で、直立し枝分かれはしない。基部の葉はさじ形で、茎から生える葉は楕円形或いは針形である。基部は楔形で、先は尖っており、両面とも短い柔毛に覆われている。また傘状の花序は数輪の花があり、花は直立で花弁は淡い赤色である。副花冠は細く針形であり、白色で、先にはいくつかの歯がある。花期は5～6月で、果期は6～7月である。黄河流域と長江流域の各省区に分布し、西はウイグルとチベットである。常に麦畑の中或いは荒廃した草坂に生息する。この種は薬として使用することができ、鼻血、吐血、尿決、肺膿瘍、月経不順に効果がある。

Stellaria graminea

漢名：禾葉繁縷（カラフトホソバハコベ）

ナデシコ科　ハコベ属

多年生の植物で、高さは10～30センチで、全体は無毛である。茎は細く、密集していて、直立している。葉に柄はなく、葉は線形で、先は尖っている。基部はわずかに細く、微量の緑色の粉があり、縁には縁毛がある。花序は頂生或いは液性で、ある時は花が少なく、白い花弁は5枚で、わずかに萼より短い。花期は5～7月で、果期は8～9月である。中国の大部分の地区に分布しており、海抜1400～3700（～4150）メートルの山坂の草地や林の下の石の隙間生息している。

Stellaria uda

漢名：湿地繁縷（シッチハコベ）

ナデシコ科　ハコベ属

多年生の植物で、密集しており、緑色で、無毛或いはまばらな柔毛に覆われている。茎は線形で、基部は横ばいである。葉は対生で、基部に近づき短小で密集している。花序は傘状で頂生し、葉の上に伸出する。花弁は5枚で、白色である。ウイグル、青海省、四川省、チベットに分布し、水辺の坂や高原地区に生息する。

173

Aconitum gymnuandrum

漢名：露蕊烏頭（ジムヌアンドラムトリカブト）

キンポウゲ科　トリカブト属

1年生の植物で、高さは25〜100センチで、真っすぐの根は円柱状で、長さは5〜14センチである。茎は直立で、短い柔毛に覆われている。下部はある時は無毛で枝分かれしている。葉は互生で、基部の葉は1〜6枚で、最下部の茎から生える葉と通常開花時期と枯れる時期が同じである。葉は楕円形或いは三角状の楕円形である。花序には6〜16の花が咲き、基部の蕾は葉状である。上部の蕾針形或いは線形である。萼は5枚で、花弁状で、青紫色で、外側はまばらに柔毛に覆われている。花期は6〜8月で、果期は7〜9月である。甘粛省南部、青海省、四川省西部、チベットに分布する。海抜1500〜3800メートルの山の草坂や田の周辺の草地或いは砂地に生息する。

Anemone begoniifolia

漢名：卵葉銀蓮花（ベゴニフォリアイチリンソウ）

キンポウゲ科　イチリンソウ属

多年生の植物である。根状の茎は斜め或いはまっすぐである。基部の葉は3〜9枚で、葉はハート状の楕円形で、縁は浅い鋸歯がある。花茎は高さ15〜39センチで、傘形の花序は3〜7輪の花が咲く、つぼみは3つで柄はなく、楕円形である。花弁はない。雲南省南東部、広西省西部、貴州省と四川省南部に分布し、海抜650〜1000メートルの山地の林の中や石の上に生息する。

Anemoe demissa

漢名：展毛銀蓮花（アネモネ・デミッサ）

キンポウゲ科　イチリンソウ属

高さは20〜50センチである。基部の葉は5〜13枚で、長い柄がある。葉はハート状の楕円形で、葉の柄と花茎には長い柔毛がある。花茎は1〜2（3）である。傘輻は1〜5である。萼は5〜6つで青色或いは紫色で、楕円形、長さは1〜1.8センチで、外側にはまばらに柔毛がある。四川省西部、甘粛省南西部、青海省南部、チベット東部と南部に分布し、海抜3200〜4600メートルの山地の草坂或いは林の中に生育する。

植物類

Aquilegia ecalcarata

漢名：無距耬闘菜（フウリンオダマキ）

キンポウゲ科　オダマキ属

多年生の植物である。茎は高さ20〜60センチで、まばらな柔毛に覆われており、枝分かれする。基部の葉は長さ25センチに達する。小葉は楕円形、扇形である。花序は2〜6輪の花があり、萼は5つあり、深い紫色で、水平に伸び、楕円形である。花弁と萼は同じ色である。四川省、貴州省北部、湖北省西部、陝西省南部、甘粛省南部と青海省東部に分布し、海抜1800〜3500メートルの山地の林の中に生育する。

Anemone rivularis

漢名：草玉梅（アネモネ・リブラリス）

キンポウゲ科　イチリンソウ属

多年生の植物である。基部の葉は3〜6枚で、葉の形は五角形に近い。花茎は1〜3つで、傘状の花序は1〜3回枝分かれしており、萼は6〜8（〜10）つで白色、楕円形である。先には毛がある。花弁はない。雄蕊は多く、花糸は細い。痩果は楕円形で、長さは7〜8ミリ、無毛、宿存する。チベット、雲南省、江西省西部、貴州省、四川省と甘粛省南部に分布し、民間で薬としても使用される。

Batrachium eradicatum

漢名：小水毛茛（ショウバイカモ）

キンポウゲ科　バイカモ属

多年生の植物で、地面或いは浅い水辺で成長する。単枝か或いは枝分かれして、無毛である。ある時は広い鞘の後ろにまばらに粗い毛がある。花弁は5枚で、白色である。花期は5〜9月である。海抜500〜3900メートルの浅い水辺、湿地、川辺等で成長する。黒竜江省、四川省、ウイグル、チベット、雲南省北西部に分布する。

175

Caltha Palustris var.hinalaica

漢名：長駐驢蹄草（リュウキンカ）

キンポウゲ科　リュウキンカ属

多年生の植物で、茎の高さは（10）20～48センチである。基部の葉は3～7枚で、長い柄を持つ。葉は楕円形で、或いはハート形である。基部はハート形或いは2つに裂けており、縁は全て密生に正三角形の鋸歯がある。茎或いは分枝は先に2輪の花組織の簡単な傘形の花序がある。萼は5枚で、黄色で楕円形である。5～9月に開花し、6月に実がなり始める。中国においてはチベット東部、雲南省北西部、四川省、浙江省西部、甘粛省南部、陝西省、河南省西部、山西省、河北省、内モンゴル、ウイグルに分布する。南西諸省においては海抜1900～4000メートルの山地に生育する。通常山谷の川辺や湿地に生え、ある時は草坂或いは林の下の比較的暗く湿気のあるところに生える。北半球の温帯および寒帯地区にも広く分布する。毒があるが、農薬を試作することもでき、薬草としても使用できる。風や悪寒に対して効能がある。

Clemmatis akebioides

漢名：甘川鉄線蓮（テツセンレン）

キンポウゲ科　クレマチス属

つる植物であり、茎に毛はない。はっきりした角はない。羽状の複葉があり、5～7枚の小葉がある。花は単生或いは2～5輪が密集して生え、萼は4～5つあり黄色で斜めに伸びており、楕円形或いは針形である。また長さは1.8～2（～2.5）センチで、幅は0.7～1.1センチであり、先は鋭い。外側は短い絨毛があり、内側は無毛である。花は下面が平であり、柔毛があり、花の葯は無毛である。未成熟の痩果は楕円形で、柔毛に覆われており、長さは3㎜で、花柱は長い柔毛に覆われ宿存する。花期7～9月で、果期は9～10月である。

Clematis montana

漢名：繡球藤（クレマチス・モンタナ）

キンポウゲ科　クレマチス属

つる植物である。茎の長さは8メートルに達し、無毛に変わる。小葉は楕円形で先端は尖っており、はしには鋸歯がある。両面ともまばらに短い柔毛に覆われている。花の直径は3.5～5センチで、萼は4枚であり、白色で、まっすぐ伸び、長さは1.5～2.5センチである。外面はまばらに短い柔毛に覆われ、花弁はなく、葯は楕円形である。心皮は多い。チベット南部、雲南省、貴州省、広西省北部、江西省、安徽省、湖北省、四川省、甘粛省南部、陝西省、河南省南西部に分布する。海抜1600～3800メートルの山地に生育し、茎と枝はともに薬として使用され、利尿作用、腫れをなおす効果がある。

植物類

Oxygraphis delavayi

漢名：脱萼鴉跖花（オキシグラフィス・デラバイ）

キンポウゲ科　オキシグラフィス属

基部より生える葉は3〜5枚で無毛であり、葉は楕円形である。花葶は1〜3個である。花は単生或いは2〜3輪の傘型の花序である。蕾は線形或いは楕円形である。萼は5つで楕円形或いは線性であり、4〜8ミリの紙質で無毛である。花弁は5〜10枚で楕円形で、先端は丸みを帯びている。花期は4〜8月。海抜3500〜5000メートルの高山湿地や草坂、石のある場所で成長する。四川省北西部、チベット南東部、雲南省北西部に分布する。

Halerpestes tricuspis

漢名：三裂碱毛茛（キンポウゲ・ウマノアシガタ）

キンポウゲ科　キンポウゲ属

多年生の小植物である。横ばいの茎は繊細で、節からは根と多数の葉が生える。葉は均しく基部から生えており、葉は比較的厚く、形状は多様に変化し、菱状の楔形或いは楕円形である。花葶は高さ2〜4センチもしくはそれより高い。また柔毛がある時がある。花は単生で、花弁は5枚で、黄色或いは表面は白色で、楕円形である。果実は球形で、痩果は20数枚であり、楕円形である。花果期は5〜8月である。中国においてはチベット、四川省法制部、陝西省、甘粛省、青海省、ウイグルに分布する。海抜3000〜5000メートルのアルカリ性の湿原草地で成長するこの種はチベット薬学の薬草であり、やけどを治すことができる。

Ranunculus pseudopygmaeus

漢名：矮毛茛（ラナンキュラス・プセユドピグマエアズ）

キンポウゲ科　キンポウゲ属

多年生の小さい植物である。茎は単一で直立しており、高さは6（8）センチで、肉質で比較的厚く、つるつるしており、無毛である。基部の葉は2〜4枚で、葉は楕円形である。花は茎の先で単生し、萼は楕円形で長さは4〜5ミリである。3〜5筋の脈があり、暗い紫色である。外側には長い柔毛があり、果期は大きく厚くなり、宿存する。花弁は5枚あり、黄色或いは紫色に変化し、楕円形、長さは8〜12ミリ、幅は5〜8ミリで多数の脈がある。先は丸みを帯びているか或いは凹んでおり、基部には長さ約1mmのせまい爪がある。密槽はカップ状であり、或いは先がわずかに分離している。葯は長さ約2ミリで、花托は厚い。果実は球形で直径6〜9ミリである。痩果は楕円形、長さ約2mmで無毛、後ろには筋があり、口は短い。下側の果部は翼状で、長さ0.5mmである。花果期は5〜8月である。

177

第3章　大峡谷の生物

Ranunculus tanguticus

漢名：高原毛茛（ラナンキュラス・タンガティカズ）

キンポウゲ科　キンポウゲ属

多年生の植物である。茎は高さ10〜25(〜40)センチで、茎と葉の柄は均しく短い柔毛をもつ。葉はみっつの複葉があり、基部の葉下部の茎から生える葉にはともに柄がある。葉は楕円形である。花序は図根に比較的多くの花を咲かせ、萼は5つで黄緑色或いは黄色である。花弁は5枚で黄色、楕円形である。チベット、青海省、甘粛省、雲南省、四川省およびウイグルに分布、海抜3600〜4600メートルの山坂、灘、湿地や高山の岩場に生育する。

Souliea vaginata

漢名：黄三七（サラシナショウマ）

キンポウゲ科　黄三七属

多年生の植物である。茎は25〜75センチで無毛或いはほとんど毛はない。下部には2〜4本の膜質の鞘があり、鞘の上には通常2枚の葉が生えている。葉は通常複葉がある。葉の形は三角形である。花序は4〜6輪の花が咲き、蕾は楕円形で、花先の葉は開いている。萼は5つの白色で楕円形である。花弁は5枚で楕円形或いは扇状である。チベット中南部及び東部、雲南省北西部、四川省西部、青海省、甘粛省と陝西省南部に分布し、海抜2800〜4000メートルの山地の林付近の草地に生育する。

Thalictrum delavayi

漢名：偏翅唐松草（タリクトラム・デラバイ）

キンポウゲ科　カラマツソウ属

多年生の植物で、無毛である。茎は高さ60〜120センチである。茎の下部及び中部の葉は複葉があり、小さな葉は楕円形である。花序は円錐形で、萼は4つで紫色、楕円形で、花弁はない。雲南省、四川省西部、チベット東部に分布し、山地の林の低木の群衆の中に生育する。また薬草として使用できる。

植物類

Trollius ranunculoides

漢名：毛茛狀金蓮花（トロリウス・ラナンキュロイデス）

キンポウゲ科　キンレンカ属

多年生の植物で、無毛である。茎は1～3本あり、高さは20（～35）センチである。基部の葉は3～10枚で、通常茎の下部に生える、均しく長い柄がある。葉は丸みを帯びた5角形である。花は枝先か茎先に単生する。萼は5～8つで黄色である。花弁は雄蕊よりわずかに短く、さじ状で細く、長さは4～6ミリで幅は約1ミリである雲南省南西北部、四川省西部及び甘粛省南西部に分布し、海抜2500～4100メートルの山地の草坂、湿地或いは林に生育する。

Thalictrum rostellatum

漢名：小喙唐松草（ナンコカラマツ）

キンポウゲ科　カラマツソウ属

この種は無毛或いは後ろ側に稀にまばらな柔毛がある。高さは40～60センチで、上部には少数の長い分枝がある。基部の葉と茎の最下部の葉は開花時に枯れる。小葉は草室で、枝先の小葉は楕円形で先は丸みを帯びているが、短い突起もある。花序には少数の花があり、萼は白色で楕円形である。5月に開花する。

Berberis ignorata

漢名：煩果小檗（イグノラッタメギ）

メギ科　メギ属

落葉する低木であり、高さは1～3メートルである。葉は紙質で、楕円形で、先端は丸みを帯びている或いは尖っている。基部は楔形で、上側は暗い緑色で、縁には1～5の刺歯がついている。葉の柄は長さ2～3ミリで或いは柄はない。花序は傘形で3～9輪の花が咲く。基部には常に数輪の花が密集しており、花は黄色である。つぼみは針形で、花弁は楕円形である。漿果は楕円形で赤色、頂端は宿存する花柱はなく。白い粉にも覆われていない。花期は5月で、果期は8～9月である。

Dysosma tsayuensis

漢名：西藏八角蓮（チベットハッカクレン）

メギ科　ミヤオソウ属

多年生の植物で、高さは 50 ～ 90 センチである。茎は枝分かれせず、無毛で、基部は茶褐色の鱗片に覆われている。茎から 2 枚の葉が生え対生で、紙質で、楕円形である。また深く裂けているのもあり、先端は鋭利である。縁には細い鋸歯と毛があり、花は 2 ～ 6 輪が 2 枚の葉柄が交差する場所に咲いており、赤色である。花期は 5 月で、果期は 7 月である。

Corydalis crispa

漢名：皺波黄菫（コリダリス・クリスパ）

ケシ科　キケマン属

多年生の植物で、高さは 20 ～ 50 センチである。茎は直立しており、基部より多数の枝が伸び、上部の枝は比較的少ない。基部の葉は数枚で、通常早く枯れ、ともに柄は長く、楕円形である。花序は茎と分枝の頂端にあり、多数の花が密集している。花弁は黄色で、楕円形である。蒴果は円柱形で果の端は粗くねばりがある。種子は円形で、直径は 1.5 ミリである。花期は 6 ～ 10 月である。

Corydalis flaccida

漢名：裂冠紫菫（コリダリス・フラクシダ）

ケシ科　キケマン属

灰緑色の多年生の高くて大きい植物で、高さは 60 ～ 90 センチである。茎は枝分かれし、葉が生える。葉は楕円形から三角形であり、全て縁には丸く短い鋸歯がある。茎から生える葉と基部の葉の形は同じで、花序は茎と枝の先にあり、複総状の円錐の花序を形成し、花は多くみ密集している。外の花弁はとさか状の突起があり、花弁は広く伸びており、先はわずかに凹んでいる。僅かに丸みがかっており、多くの短い突起がある。蒴果は線形で、長さ 2 ～ 3.7 センチで幅は 2 ミリ、多くは珠状を呈しており、1 列に並ぶ種子がある。種子は小さい種阜がある。中国においては四川省、雲南省、チベットに分布する。

植物類

Corydalis longibracteata

漢名：長苞紫菫（コリダリス・ロンギブラクテアータ）

ケシ科　キケマン属

無毛の植物で、高さ10～20センチである。基部の葉は小さく、柄は糸状である。花序は頂生し、2～4輪の花がある。花梗は細く、蕾より短い。花弁は空色或いは青紫色で楕円形で、先端は鋭くない。縁は浅波状で、後ろ側はトサカ状の突起があり、筒状になっている。蒴果は花弁にあり、下の花弁は楕円形である。菇果は円柱状で、成熟時には先端から折れる。花果期は6～9月で、チベットに分布する。

Corydalis pseudoadoxa

漢名：波密紫菫（チベットキケマン）

ケシ科　キケマン属

無毛の植物で、高さは5～25センチである。根茎は短く、楕円形の鱗片は数枚で、瓦状になっている。茎は1～4センチで、直立或いは湾曲しており、枝分かれはせず、基部は細くなる。基部の葉は2～6枚で、楕円形である。花序は頂生し、花弁は青色、楕円形である。後ろにはとさか状の突起があり、筒状になっており、花弁と等しく長い或いはわずかに短い。下の花弁は楕円形に近いひし形で、後ろのとさか状の突起は三角形に近く、上野花弁と比べて短い。蒴果は楕円形で、成熟時は果梗より先端が折れる。花果期は6～9月である。雲南省、チベット南東部等に分布し、海抜3000～4800メートルの高山湿地や流石灘に生育する。

Hypecoum leptocarpum

漢名：細果角茴香（シイグオジアオホゥイシアーン）

ケシ科　カクウイキョウ属

1年生の無毛植物で、白い粉をもつ。基部の葉は多く、少し長い柄を持つ。葉は楕円形で羽状に裂けており、3～6対に裂け、短い柄がある場合があり、形は楕円形である。花序は少数或いは多数の分枝がある。花弁は4枚で、淡い紫色或いは白色で、楕円形である。蒴果は線形である。海抜1700～3200メートルの草地において成長し、チベット、四川省西部、青海省、甘粛省、陝西省、河北省北西部に分布する。

181

Arabidopsis himalaica

漢名：喜馬拉雅鼠耳芥（ヒマラヤシロイヌナズナ）

アブラナ科　シロイヌナズナ属

2年生或いは多年生の植物で、高さは20～60センチである。全体は単毛と2叉毛に覆われている。茎は単一或いは密集しており、直立で多く枝分かれする。下部は常に紫色で、茎の下の部分に生える葉は楕円形で先端は鋭く、縁にはまばらに鋸歯がる。基部はだんだん狭く柄になる。上部の葉は楕円形で先は鋭い。縁は波状の歯がある。花序は傘房状で、実がなる時に伸びる。花弁は淡い赤色で、楕円形である。花期は6月である。雲南省、四川省南西部、チベットに分布し、海抜2000～3000メートルの谷や扇状地や砂浜で成長する。

Capsella bursa-pastoris

漢名：薺菜（ナズナ、ペンペングサ）

アブラナ科　ナズナ属

1年生或いは2年生の植物で、高さは20～50センチで羽化に枝分かれをするか、単毛である。基部の葉は密集しており、大頭は羽状で分裂している。花序は頂生するものと、腋生である。花は白色。短い角果は三角形或いはハート形である。先端は僅かに凹んでいる。短い花柱は宿存する。種子は2行で、楕円形、長さは1ミリで、淡い褐色である。全世界の温帯地区に広く分布する種で、多くは中国に分布する。田の路肩の雑草の中に生育する。茎は野菜として食べられる。また薬草として使用され、利尿、止血、解熱、に少し効果がある。大峡谷においてはよくこの種を見ることができる。

植物類

Cardamine griffithii

漢名：山芥砕米薺（グリフィチタネツケバナ）

アブラナ科　タネツケバナ属

多年生の植物で、高さは 20 〜 70 センチで、全体は無毛である。茎は直立で、枝分かれはしない。葉は羽状の複葉で、基部の葉は柄があり、頂生する小葉は楕円形で、先は丸みを帯びている。基部は楔形で、縁には 3 〜 5 の鋸歯がある。側生する葉は楕円形で先端も丸い。基部は円形或いは楔形で、縁は浅波状である。花序は頂生する。花弁は紫色或いは淡い赤色で、楕円形で先端は僅かに凹んでおり、基部はせまく楔形である。種子は楕円形である。花期は 5 〜 6 月で、果期は 6 〜 7 月である。

Carfamine hirsute

漢名：砕米薺（ミチタネツケバナ）

アブラナ科　タネツケバナ属

1 年生の植物で、高さは 6 〜 25 センチで、無毛或いは疎らに柔毛に覆われている。茎は一筋或いは多く枝分かれする。基部の葉は柄があり、単数の羽状の葉をもち、小葉は 1 〜 3 対で、小葉は 2 〜 3 対で頂生する。側から生える葉は比較的小さく、斜めになっている。茎の葉は小さく 2 〜 3 対で、細く楕円形である。すべての小葉は表及び縁に柔毛がある。花序は開花している時は傘房状になり、後に伸びる。花は白色である。長江の流域、東に至っては福建、南西雲南省に分布する。草坂或いは路肩において成長する。

183

Cardamine macrophylla

漢名：大葉碎米薺（カルダミネ・マクロフィラ）
アブラナ科　タネツケバナ属

多年生の植物で、高さは 30 ～ 100 センチである。茎の葉は通常 4 ～ 5 枚で、柄があり、頂生する側の葉と小葉の形状はだいたい似ており、小葉は楕円形で或いは針形で、先端は鋭いものもあり、縁には比較的整った鋭い或いは鋭くない鋸歯がある。頂生する小葉の基部は楔形で、小さな柄はない。側に生える葉の基部はわずかに違う。最上部の 1 対の小葉の基部は通常下に伸び、最下部の 1 対はある時はかなり短い。小葉の表は毛が少なく、裏面は短い柔毛が散在する或いは両面とも無毛である。花序には多くの花が咲き、外輪の萼は淡い赤色で楕円形である。花弁は淡い紫色で、赤紫色で、白色は少ない。また楕円形である。花期は 5 ～ 6 月で、果期は 7 ～ 8 月である。

Draba eriopoda

漢名：毛葶藶（イヌナズナ）
アブラナ科　イヌナズナ属

2 年生の植物である。茎の高さは 7 ～ 30 センチで、通常枝分かれはしない。星状の毛、叉状の毛と単毛がある。基部の葉は針形で、先端は尖っており、基部はだんだん細くなっている。茎の葉はだんだん小さくなり、楕円形或いは針形で、縁にはまばらに鋸葉がある。花序は頂生し、花は比較的密集している。花弁は黄色で、種子は楕円形である。チベット、四川省西部、甘粛省、青海省、ウイグルに分布し、高山の山坂或いは低木の茂みに生育する。

植物類

Lepidium capitatum

漢名：頭花独行菜（レピディウム・キャピタタム）

アブラナ科　マメグンバイナズナ属

1年生或いは2年生の植物で、茎は横ばい或いは直立しており、長さは20センチに達する。多く枝分かれし、拡散しており、腺毛をもつ。基部の葉及び下部の葉は羽状或いは柄がない。花弁は楕円形で長さ3〜5mmで、幅は1〜2ミリである。先は尖っており、両面とも無毛である。上部の葉とも似通っているが、比較的小さく、羽状で裂けているかわずかに鋸葉がある。花序は腋生で、花は緊密に並んでいる。花弁は白色で、楕円状の楔形である。花果期は5〜6月。

Loxostemon pulchellus

漢名：弯蕊芥（アブラナ）

アブラナ科　アブラナ属

多年生の植物で、高さは6.5〜20メートルである。根茎の基部は群生し、白色の小鱗茎を持つ。九茎は直立或いは斜めに伸び。下部は白色、上部はみが増し、短毛に覆われている。基部の葉は常に1枚で、小葉は1〜2対である。小葉は楕円形で先は小さく突起している。茎の葉は1〜3枚で小葉と側の葉は頂生し、均しく筋状の楕円形である。花序は頂生し、2〜8輪の花が咲く。萼は楕円形で長さは2.3〜3ミリで、後ろは短い毛に覆われいる或いは無毛状態に近い。花弁は白色、ピンクから紫色で、楕円形である。長角果は線状の楕円形である。種子は2〜10粒で、円形で淡い褐色であり。花果期7〜8月である。

Pegaephyton scapiflorum

漢名：單花荠（ナズナ）

アブラナ科　ナズナ属

無茎の多年生植物で、高さは5〜10センチである。肉質で無毛である。葉は多数で蓮座状で。針形或いはさじ状である。先端は鋭き、基部はだんだん狭くなり、縁にはいくつかの鋸歯がある。両面とも無毛であるが、まれに裏面には柔毛がある。花葶は多数あり、葉と同様に長く、それぞれ単花である。花弁は淡い青紫色或いは白色である。四川省、雲南省に分布し、高山草原や水辺において生育する。

185

Rorippa islandica

漢名：沼生葶菜（スカシタゴボウ）

アブラナ科　イヌガラシ属

1年生の植物で、高さは50センチに達し、基部は毛があることもないこともある。茎は直立或いは斜めに伸び、枝分かれし、条紋があり、ある時は紫色である。葉の形は変化が大きく、基部の葉と茎下部の葉はともに柄があり、柄の基部は大きく、耳状の抱茎のようであり、葉は楕円形或いは、大きく裂けている。縁には浅井鋸歯がある。花弁はさじ形で、萼と等しく長い。花期は4〜5月で、果実は開花後にだんだん熟し、ある時は8〜9月に依然として開花し、実がなることもある。路肩は田に生育する。

Thlaspi arvense

漢名：遏藍菜（グンバイナズナ）

アブラナ科　グンバイナズナ属

1年生の植物で、高さは9〜60センチで全体は無毛である。茎は直立し、枝分かれするものも、しないものもある。基部の葉は柄があり、楕円形であり、茎の葉は楕円状の針形であり、先端は丸みを帯びており、基部は抱茎で、両側は矢形で、鋸歯がある。花序はえお頂生し、花は白色である。短角果は楕円形である。この種の植物は中国の多くの場所に分布している。路肩や水辺或いは村の付近において成長する。種子は工業用の油として使用される。種子或いは植物全体は薬草として使用でき、血行を良く効果がある。苗は野菜として食べることができる。

植物類

Rhodiola forrestii

漢名：長圓紅景天（ロディオラ・フォレスティ）

ベンケイソウ科　イワベンケイ属

多年生の植物である。根茎は直立或いは斜めに伸び、直径は1.5センチで先端は三角形の針形の鱗片に覆われている。花茎の直立し、高さ20〜40センチである。葉は線状の楕円形である。傘状で円錐形の花序は腋生で、花弁は5枚で、楕円形で、雌花の花弁は三角状の楕円形である。花期は6〜7月で、果期は8月である。

Rhodiola wallichiana

漢名：粗茎紅景天（ロディオラ・ウォリチアナ）

ベンケイソウ科　イワベンケイ属

多年生の植物で、茎は横ばいで、繊細で、長さ17〜40センチ、直径は1センチである。花茎は3〜5である。茎の葉は多く、柄はなく、針形である。花序は頂生し、花弁は淡い赤色、緑色或いは白色線状の針形或いは楕円形である。花期は8〜10月で、海抜2500〜3800メートルの坂の岩場において成長し、四川省、チベット、雲南省に分布する。

Bergenia purpurascens

漢名：岩白菜（ヒマラヤユキノシタ）

ユキノシタ科　ヒマラヤユキノシタ属

多年生の植物で、高さは20〜35センチで、粗くて長い茎状の根を持つ。葉はみな基部に生え、粗い柄がある。葉は厚く柔らかく、楕円形である。表面は緑色で光沢がある。裏面は淡い緑色で、葉の先は円みがある。基部は楔形から円形であり、ふちには鋸歯があり、無毛である。花序には6〜7輪の花が咲き、枝先で咲く時は常に下に垂れており、花弁は5枚で赤紫色或いは暗い紫色で楕円形である。雲南省、四川省、チベットに分布し、海抜3000〜4000メートルの雑木林の直射日光の当たらない湿った場所或いは岩石の草坂に生育する。

Ribes himalense

漢名：糖茶藨子（ヒメレンススグリ）

ユキノシタ科　スグリ属

小型の低木で、高さは1～2メートルである。小枝は無毛で、芽は紫褐色で楕円形である。葉の柄は赤色で、3～5センチ、無毛或いは短い柔毛に覆われている。葉の形は楕円形で、ある。花序は密集しており花は8～20輪ある。羽軸と花梗は短い柔毛に覆われているか或いは柄まばらに柄のある腺体が生えている。蕾は楕円形である。萼は緑色で、紫色或いは赤色を帯びている。赤色或いは緑色で紫色を帯びている花弁には縁毛がある。花期は7～8月中旬で、海抜1200～4100メートルの針葉林、広葉林、山坂、川岸、水辺、路肩の草地に生育する。中国の東北、南西、青藏高原地区に分布する。

Deutzia compacta

漢名：密序嫂疏（ドイツィア・コンパクタ）

ユキノシタ科　ウツギ属

低木で、高さは2～3メートルである。褐色或いは茶色に開花し、星状毛がある。葉は楕円形或いは針形で、紙質、基部は円形或いは楔形、縁には細い鋸歯があり、先端は尖っている。花序は頂生し、傘房状である。20～80輪の花があり、星状毛である。花弁は瓦状に覆われており、ピンク色であり、楕円形である。花期は4～5月で果期は6～7月である。雲南省南西北部とチベット南部に分布し、海抜2000～4200メートルの山坂や林に生育する。

Ribes alpestre

漢名：長刺茶藨子（アルペストスグリ）

ユキノシタ科　スグリ属

低木で高さは1～3メートルである。枝の節上には3枚の細い刺があり、粗くて大きい。長さは2センチに達する。葉は楕円形で、基部はハート形に近く、両面はまばらに短い柔毛があり、脈腋の場所は比較的に毛が密であるか或いはほとんど無毛である。花は1～2輪が枝先に単生し、緑色或いは赤色である。漿果は無毛或いはまれにまばらに腺刺に覆われている。花果期は6～9月である。四川省、雲南省、チベットに分布し、林の下に生育する。生垣に用いることもできる。

植物類

Ribes orientale

漢名：東方茶藨子（オリエンテルスグリ）

ユキノシタ科　スグリ属

落葉する低木で、高さは 0.5 〜 2 メートルで、枝葉頑丈で、小枝は灰色或いは灰褐色であり、樹皮は裂けている枝。若枝は赤褐色で短い柔毛と粘質の短い腺毛或いは腺体に覆われており、刺はない。葉は楕円形で基部は心臓形である。両面は短い柔毛に覆われていること以外に、粘性の腺体と短い腺毛があり、3 〜 5 本に浅く裂けており、先端は円く、稀にわずかに突起がある。頂生する花弁と側生の花弁は同じ長さで、縁には不揃いの荒い鋸歯がある。花は単生で、雌雄は別株で、まれに雌雄混合種もある。萼は赤紫色或いは紫褐色で、外側には短い柔毛と、短い腺毛がある。花弁は扇形或いはさじ形で、先端は円く、多くの柔毛をもつ。花期は 4 〜 5 月で、果期は 7 〜 8 月である。

Ribes luridum

漢名：紫花茶藨子（ラリダムスグリ）

ユキノシタ科　スグリ属

落葉する低木で、高さは 1 〜 3 メートルである。枝は黒色或いは灰黒色で、樹皮は裂けており、若枝は赤色或いは赤褐色で、常に無毛で刺もない。葉は楕円形で、基部は心臓の形であり、表面は深い緑色で、常に短い柔毛とまばらな短い腺毛をもっている。裏面の色は比較的浅く、無毛である。花序は直立しており、萼は赤紫色或いは赤褐色で、外側は無毛で、萼筒は浅いカップ状である。花弁はかなり小さく、扇形或いは楔状のさじ形で、先端は円い。雄蕊は花弁より長く、葯は伸びている。花は紫色或いは赤色で、葯は比較的大きく円形で黒紫色である。雌花の雄蕊は短小である。花期は 5 〜 6 月で、果期は 8 〜 9 月である。海抜 2800 〜 4100 メートルの山坂、密林、林、川岸に生育し、果実の形態は見た目がよく、大峡谷の観果植物である。

Rodgersia aesculifolia var.henrici

漢名：滇西鬼燈檠（ロドゲルシア・アエスクリフォリア）

ユキノシタ科　ヤグルマソウ属

多年生の植物で、高さは 0.8 〜 1.2 メートルである。根状の茎は円柱形で、横に向かって生え、直径 3 〜 4cm である。内部はわずかに赤紫色である。茎はほとんど無毛である。複葉は長い柄があり、柄の長さは 14 〜 40 センチで、長い柔毛をもつ。花序は円錐形で、花序の軸と花梗はみな白色の毛に覆われている。萼は三角形に近く、腹面は比較的多くの腺毛がある。蒴果は楕円形で、くちばしがある。種子は多く、褐色で、長さは 1.8 〜 2mm である。花果期は 5 〜 10 月である。雲南省西部とチベット南東部に分布し、海抜 2350 〜 3800 メートルの林は水辺の茂み、湿地に生育する。

Duchesnea chrysantha

漢名：皺果蛇苺（ヘビイチゴ）

バラ科　ヘビイチゴ属

多年生の植物で、横ばいの茎の長さは 30 〜 50 センチで、柔毛がある。小葉はひし形、楕円形で、先端は円く、ある時は凸状にとがっている。基部は楔形で、淵には鋸歯がある。表面は無毛に近く、裏面はまばらに長い柔毛がある。花の直径は 5 〜 15 ミリで、花弁は楕円形、黄色、先端は僅かに凹んでいるか、円く、無毛である。花托は果期の時はピンク色で、光沢はない。痩果は楕円形で赤色、多くの紋を持ち、光沢はない。花期は 5 〜 7 月で、果期は 6 〜 9 月である。陝西省、四川省、雲南省、広西省、広東省、福建省、台湾に分布し、草地で成長する。茎と葉は薬用することができ、蛇の噛み傷、火傷、外傷に効果がある。ヤルツァンボ大峡谷地区でこの種の植物は比較的よく見ることができる。

Fragaria moupinensis

漢名：西南草苺（オランダイチゴ）

バラ科　オランダイチゴ属

多年生の植物で、高さは 5 〜 15 センチである。茎は伸びた白色で絹状の柔毛に覆われている。通常 5 或いは 3 枚の小葉があり、短い柄があるか、柄はない。形は楕円形で先は円い。頂生する小葉の基部は楔形で、側生の小葉は斜めになっている。縁には鋸歯があり、表面は緑色でまばらに柔毛に覆われ、裏面は白色で絹状の柔毛に覆われ、葉脈は比較的密である。花序は傘状で、1 〜 4 輪の花があり、基部の蕾は緑色である。萼は楕円状の針形で、副萼は針形或いは線状の針形である。花弁は白色で、楕円形、基部には短い爪がある。果実は楕円形或いは球形で、宿存する萼は直立する。痩果は楕円形で、表面には少数の脈紋がある。花期は 5 〜 6（8）月で、果期は 6 〜 7 月である。陝西省、甘粛省、四川省、雲南省、チベットに分布し、海抜 1400 〜 4000 メートルの山坂、草地、林に生育する。ヤルツァンボ大峡谷地区において、この種の苺は比較的よく見られ、これらはチベット 143 苺と区別することが難しい。これは食用で、味は甘酸っぱい。

Fragaria nubicola

漢名：西藏草苺（ヒマラヤイチゴ）

バラ科　オランダイチゴ属

多年生の植物で、高さは 4 〜 26 センチである。枝は繊細で細く、花茎は白色で絹状の柔毛に覆われている。葉は 3 枚の小葉があり、それらは短い柄があるか、柄はない。小葉は楕円形である。花序は数輪の花が咲き、花梗は白色で絹状の柔毛に覆われている。花弁は楕円形で、宿存する萼は果実に張り付いており、痩果は楕円形で光沢がある。花果期は 5 〜 8 月である。中国のチベットに分布し、海抜 2500 〜 3900 メートル水辺の林の下、山坂、草地において成長する。この種の苺はヤルツァンボ大峡谷地区でよく見られる 1 種の野イチゴで、村の路肩や那拉錯の道、大峡谷区の車道の道端などどこでも見ることができる。食用で、味は甘酸っぱい。

植物類

Potentilla fruticosa

漢名：金露莓（キンロバイ）

バラ科　キジムシロ属

落葉する低木である。高さは 1.5 メートルである。樹冠は球形で、樹皮は縦に裂けており剥がれおちる。枝分かれは多い。若い枝は毛に覆われている。羽状の複葉は密集しており、楕円形であり、縁は外巻である。花は黄色く、単生或いは数輪が並び傘房状になっている。花弁は黄色で、楕円形で萼と比べて長い。花柱は棒状で、基部は細く、先は縮んでおり、柱頭は大きい。この種は北半球の亜寒帯から北温帯の高山にひろく分布しており、－50度の低温も耐えることができる。これによりシベリアや北極地区でもこの種を見ることができる。山頂の岩石の間或いは水辺の茂み等に生育する。チベット南東およびヤルツァンボ大峡谷地区においてこの種はひろく分布しており、この区域内で最も見ることのできる植物の1つである。

Geum aleppicum

漢名：路邊青（オオダイコンソウ）

バラ科　ダイコンソウ属

多年生の植物で、高さは 40～80 センチである。全体は長い剛毛に包まれる。基部の葉は羽状で裂けており、或いは羽状の複葉になっている。また、ひし状の楕円形で、先端は鋭い。基部は楔形或いはハート形の近く、縁には鋸歯があり、両面ともまばらに剛毛が生えている。花は茎の先に単生し、黄色である。花柱の先端には長い針刺がある。北東、華北、北西、中南、南西に分布する。山坂や路肩或いは川辺に生育する。根と茎は薬草として使用でき、痛み止めの効果がある。種子には油が20％含まれており。せっけんや油漆をつくることもできる。

Potentilla cuneate

漢名：楔葉委陵菜（コバナキジムシロ）

バラ科　キジムシロ属

低くて小さい多年生の植物で、根は繊細で木質である。花茎は木質で直立である。高さは 4～12 センチで、まばらな柔毛に覆われている。茎の葉は草質で緑色であり、楕円状の針形で、先は尖っている。頂生する単花は 2 輪で、花の直径は 1.8～2.5 センチで、花弁は黄色で楕円形である。痩果は長い柔毛に覆われている。花果期は 6～10 月である。チベット、四川省、雲南省に分布する。海抜 2700～3600 メートルの高山の草地、いわば、水辺の茂みに生育する。

191

Potentilla microphylla var. Caespitosa

漢名：叢生小葉委陵菜（ミクロフィラ・キジムシロ）

バラ科　キジムシロ属

多年生の植物で、茎は直立或いは横ばいである。密集して平らになり、葉は奇数の羽状の複葉或いは掌状の複葉になる。花は通常両性で、単生、傘状の花序或いは円錐状の花序である。花弁は5枚で、通常黄色で、まれに白色或いは赤色がある。チベットに分布し、海抜4700メートルの岩場に生育する。

Potentilla polyphylla

漢名：多葉委陵菜（ポリフィラ・キジムシロ）

バラ科　キジムシロ属

多年生の植物である。根は頑丈で、円柱形、わずかに木質化している。花茎は直立しており、長い柔毛に覆われている。基部の葉は羽状の複葉であり、7～10対の小葉がある。葉の柄は僅かに硬い柔毛に覆われ、楕円形で先端は円い。基部は円形或いは楔形、ハート形である。両面は緑色で、まばらに柔毛に覆われており、常に何本かの柔毛は抜け落ちている。裏面は白く僅かに硬く長い柔毛に覆われている。花序は頂生し、まばらであり、花は少ない。萼は三角状の楕円形で、先はとがっており、外側は長い柔毛に覆われている。花弁は黄色で、楕円形で先は円く、萼と比べわずかに長い。痩果は光沢がある。花果期は7～10月である。四川省、雲南省、チベット等に分布する。ヤルツァンボ大峡谷地区において、この種は比較的よく見ることができ、これらはよく黄色の花を咲かせており、道路の脇や川辺の草地、徒歩道、村の荒れ地などでも見ることができる。

Potentilla stenophylla

漢名：狭葉委陵菜（ステノフィラ・キジムシロ）

バラ科　キジムシロ属

多年生の植物である。花茎は直立しており、高さは4～20センチ、絹状の柔毛に覆われている。基部の葉は羽状の複葉で、葉は7～21対である。通常比較的きれいに並んでおり、小葉は対生或いは互生であり、柄はなり。小葉は楕円形で、基部は円形或いはハート形、縁には鋸歯がある。表面は稀にまばらな長い柔毛に覆われ或いは抜け落ちた無毛状態で、裏面は名対柔毛に覆われている。茎の葉は退化し小さくなっている。基部の葉は托葉で膜質で、褐色、外はまばらに柔毛に覆われている。茎の托葉は草質で緑色である。単花の頂生し、2～3輪の花が花序をなし、柔毛に覆われている。萼は楕円形である。花弁は黄色で、楕円形、先は円い。痩果の表面は光沢がある或いは紋がある花果期は7～9月である。

植物類

Rosa macrophylla

漢名：大葉薔薇（ロサ・マクロフィラ）
バラ科　バラ属

低木で、高さは1.5～3メートルで、小枝は頑丈で、刺は散生しているか、直立の皮刺或いは無刺である。小葉は楕円形で先端は鋭い。基部は円形、で稀に楔形のものがあり、縁にはするどい鋸歯がある。表面は無毛で、裏面は中脈が突起しており、長い柔毛がある。小葉の柄と葉軸には柔毛があり、稀にまばらに腺毛と散生する小皮刺がある。花は単生或いは2～3輪が密集しており、蕾は1～2つで楕円形で、縁には腺毛がある。外側の中脈には短い柔毛があるかっ無毛であり、中脈と側脈はくっきり突起している。花梗及び萼筒は腺毛に覆われており、柔毛があるか無毛である。萼は楕円状の針形で、花弁は深い赤色で、三角形、先端は僅かにへこんでおり、基部は楔形である。花柱は離生で、柔毛に覆われ、雄蕊よりもかなり短い。果実は大きく楕円形、赤紫色で光沢があり、腺毛があるか無毛である。チベットや雲南省に分布する。

Potentilla turfosa

漢名：簇生委陵菜（ツルフォーサ・キジムシロ）
バラ科　キジムシロ属

多年生の植物である。花茎は広がりながら伸び、高さは10～30センチである。基部の葉は羽状の複葉で、小葉を7～11対もち、対生或いは互生である。小葉は楕円形で、基部にみかってだんだん終章し、先は円い。基部は円形或いは広い楔形で常にななめになっている。縁にはするどい鋸歯があり、毎辺5～7本である。表面は短い柔毛に覆われているか抜け落ちて無毛になっている。裏面は未熟な時は密に柔毛に覆われており、成熟してからは無毛或いは葉脈の上が柔毛に覆われている。花は1～4輪で、まばらであり、傘房の花序である；萼は楕円状の三角形で、せんたんは鋭い。花弁は黄色で、楕円形で、先端は円く、萼より長い。痩果は光沢がある。花果期は8～9月である。チベット、雲南省に分布し、林の下や水辺に生育する。

Rosa mairei

漢名：毛葉薔薇（ロサ・マイレイ）
バラ科　バラ属

低木で、高さは1～2メートルである。枝は円柱形で頑丈で、弓状に湾曲しており、未熟児は長い柔毛に覆われており、だんだん抜け落ちていき、最後は無毛になる。また刺が散生しており、ある時は密集している。小葉は5～9（～11）枚で、楕円形、先端は円く、基部は楔形或いは円形である。縁の2/3或いは1/3の部分には鋸歯があり、両面は柔毛に覆われており、裏面は表より密である。托葉は葉の柄に張り付いており、剥がれている部分もあり、有毛である。花は葉の付け根に単生し、蕾はない。花梗は長さ8～15センチで、有毛である。花の直径は2～3センチである。萼は楕円形或いは針形で、先端は鋭く、外側は稀にまばらな柔毛に覆われており、内側は密に柔毛に覆われている。花弁は白色で、楕円形、先端は凹凸ででこぼこしており。基部は楔形である。花期は5～7月で、果期は7～10月である。貴州省、四川省、チベット、雲南省に分布している。

193

Rosa omeienis

漢名：峨眉薔薇（ロサ・オメイエシス）

バラ科　バラ属

低木で、高さは3～4メートルである。小枝は褐色で、常に刺毛がある。基部は常に大きい。羽状の複葉をもつ。小葉は9～17枚で、楕円形で長さは8～30ミリで、先端は円いか僅かに鋭い。基部は円形で、少数は楔形、縁には鋸歯がある。無毛或いは裏面には短い柔毛がある。托葉の大部分は葉柄上に付着している。花は単生で、蕾はなく、花梗と花托は無毛である。花は白色で直径2.5～3.5センチで、萼は4つで針形で宿存する・花弁は4枚で楕円形である。薔薇の実は梨形で、長さ8～15ミリで鮮やかな赤色で、黄色で肉質な果梗をもつ。雲南省、四川省、貴州省、湖北省、陝西省、甘粛省、青海省、チベットに分布し、海抜2000～3000メートルの林或いは水辺の茂みに生育する。根は食用で、酒も造られ、花はオイルとして利用できる。

Rubus irritans

漢名：紫色懸鉤子（ルーバス・キイチゴ）

バラ科　キイチゴ属

低木或いは草状の植物で、高さは約10～60センチである。枝は赤紫色の刺、柔毛、腺毛に覆われている。小葉は3枚、稀に5枚で楕円形で、表面には細い柔毛があり、裏面には灰白色の繊毛があり、縁には不規則な粗い鋸歯がある。花の直径は1.5～2センチで、萼は赤紫色を帯びており、外面は赤紫色の刺、柔毛と繊毛に覆われている。萼筒は浅いカップ状である。萼は楕円形或いは針形で、長さは1～1.5センチで、先はだんだんとがっており、開花後は直立する。花弁は楕円形或いはさじ形で、白色で柔毛があり、基部には、短い爪があり、萼より短い。果実は球形に近く、赤色で繊毛に覆われている。核はなめらか或いは網状の紋がある。花期は6～7月で、果期は8～9月である。甘粛省、青海省、四川省、チベット等に分布する。

Rubus sikkimensis

漢名：錫金懸鉤子（シッキム・キイチゴ）

バラ科　キイチゴ属

低木で、高さは2メートルである。小枝は円柱形で、紫褐色である。柔毛とまばらな腺毛を持ち、直立或いはななめに生える刺を持つ。小葉は3枚で、楕円形で先端は短くだんだん鋭くなる。基部は楔形から円形である。柄の長さは4～8(10)センチで、頂生する小葉は長さ2.5～3.5センチ、側生の小葉に柄はなく、みな柔毛と小さな刺に覆われている。花は1～2輪で葉のつけ根から生える。花梗の長さは1～3センチで、柔毛と腺毛、刺を持ち、蕾と托葉は似ている。花の直径は2～3センチであり、萼は赤紫色で、外は柔毛とまばらな腺毛に覆われ、萼筒には細い刺がある。萼は三角の針形で、花弁は赤紫色である。果実は球形で無毛である。果期は8～9月である。中国のチベット南東部、南部に分布する。

植物類

Rubus stans var.soulieanus

漢名：多刺直立懸鉤子（シュタンス・キイチゴ）

バラ科　キイチゴ属

低木で、高さは１〜２メートルである。深い褐色から茶色の枝をもち、柔毛と腺毛に覆われている。比較的多くの直立する刺を持つ。花の枝は側生し、長さ５〜８センチで、柔毛と腺毛に覆われている。小葉は３枚で楕円形で、頂生する小葉は側生の葉と比べてわずかに大きく、先端は円い。両面みな柔毛に覆われている。花は３〜４輪で、側生の声だの頂端或いは単生花の付け根から生える。萼は赤紫色で、外面は柔毛と腺毛に覆われおり、刺は比較的密である。花弁は楕円形で赤紫色である。果実は球形で、直径８〜１１ミリで橘赤色で無毛でり、食べることができ、味は甘い。花期は５〜６月で、果期は７〜８月である。四川省、チベットに分布する。

Sibbaldia cuneate

漢名：楔葉山莓草（ケツジョウタテヤマキンバイ）

バラ科　タテヤマキンバイ属

多年生の植物である。茎は頑丈で、横ばい、円柱形である。花茎は直立しており、まばらに柔毛に覆われている。基部の葉は３枚の複葉で、葉の柄は柔毛に覆われ、小葉は常に短い柄があるか、柄がない。形は楕円形である。茎の葉と基部の葉は似ている。基部の葉は托葉で膜質、茎の葉は托葉で草質で緑色、針形で鋭い。傘房状の花序は密集して頂生する。萼は楕円形で先端は円い。花弁は黄色で楕円形、先端は円く、萼と等しい長さかそれよりもわずかに長い。痩果はなめらかである。花果期は５〜１０月である。青海省、四川省、台湾省、チベット、雲南省に分布する。

Sorbus oligodonta

漢名：少歯花楸（ナナカマド）

バラ科　ナナカマド属

高木で、高さは５〜１５メートルである。小枝は細い。円柱形で赤褐色で、まれに皮孔があり、未熟時は無毛である。複傘房の花序は花軸頂端の花に密集しており、花梗は無毛或いは極めて少ない数の柔毛がある。花梗は短い。長さは約２ミリで、花の直径は６〜７ミリである。萼筒はつりがね状で、外面は無毛、内面はわずかに柔毛がある。萼は楕円形で、先端は円いか或いは鋭い。内面の先端にもわずかに柔毛がある。花弁は楕円形で長さは４ミリ、幅は約３ミリ、先端は円く、黄白色である。果実は楕円形で成熟時は白色である。花期は５月で、果期は９月である。中国の四川省、チベット、雲南省に分布する。

195

Spiraea canesces

漢名：楔葉繡線菊（ケツジョウシモツケ）

バラ科　シモツケ属

低い木で高さは2メートル、ある時は4メートルに達する。枝はアーチ形である。葉は楕円形から針形である。複傘房の花序は直径3〜5cmである。短い柔毛が密集しており、花は多い。蕾は線形である。花の直径で5〜6mm。萼筒は釣鐘状で、内外両面は短い柔毛に覆われている。萼は三角形で先端は鋭く、内外両面は短い柔毛に覆われている。花弁は楕円形で先端は円く、反は白色或いは淡いピンク色である。花盤はカップ状である。袋果はわずかにひらいており、直立する萼をもつ。花期は7〜8月で、果期は10月である。雲南省、四川省、チベットに分布する。

Astragalus tumbatsius

漢名：東壩子黃芪（アストラガルス・ドンバズ）

マメ科　ゲンゲ属

多年生の植物で、茎は直立しており、高さは60〜100センチである。条紋があり、白色の毛或いは褐色の柔毛に覆われている。奇数の羽状の複葉は15〜25枚の小葉で、長さは8〜12センチである。花序には多くの花が咲き、密集している。萼は管状のつりがね形で、外面は褐色の柔毛に覆われている。花冠は淡い紫色或いはピンク色で、楕円形、長さは12〜13ミリ、先端はわずかに凹んでいる。種子は2〜4枚で、暗い褐色である。長さは4mmである。花果期は7〜8月である。チベットに分布し、海抜1700〜3500メートルの山坂の荒れ地に生育する。

Astragalus strictus

漢名：筆直黃芪（アストラガルス・ストリクタス）

マメ科　ゲンゲ属

多年生の植物である。茎は密集し、直立しており、高さは15〜28センチである。まばらに白い伏毛に覆われている。羽状の複葉は19〜31枚の小葉である。托葉は基部或いは中部以下に合生し、三角状の楕円形で、縁には毛が散生する。小葉は対生で、楕円形で、先端は鋭い或いは円い。表面は無毛或いはまばらに毛がある、または中脈上に白い伏毛が生える。裏面はまばらに白色の伏毛或いは半伏毛に覆われている。小葉の柄の長さは1mmにも及ばない。花序には多数の花が咲き、短く密集している。花冠は赤紫色で旗弁は楕円形である。種子は褐色でなめらかである。花期は7〜8月で、果期は8〜9月である。チベット東部及び南部、雲南省北西部（徳欽）に分布する。海抜2900〜4800メートルの山の草地や川辺の湿地、石場や村の路肩や田畑に生育する。

植物類

Phyllolobium milingense

漢名：米林膨果豆（フィロビウム・メンリン）

マメ科　オウギ属

多年生の植物で、根は木質である。茎は密生し、横ばいで、長さは4～30センチ、白く短い柔毛に覆われている。羽状の複葉は7～14枚の小葉を持ち、長さは1～2センチで、短い柄を持つ。小葉は互葉で、楕円形である。花序は頭状で、1～4輪の花が咲く。萼はつりがね状で、白色の混成の柔毛に覆われている。花冠は赤紫色で、旗弁は長さ7～10cmで、幅は8～9.5ミリ、先端はわずかに欠けており、基部は突然細くなる。莢果は楕円形で多数の種子を含む。種子は長さ1～2mmである。花期は8～9月で、果期は9～10月である。中国のチベットヤルツァンンボ江の中流（日喀則、乃東、米林、芝林、波密）に分布する。海抜2900～3200メートルの山坂の路肩に生育する。

Caragana jubata

漢名：鬼箭錦雞兒（ジュバタ・ムレスズメ）

マメ科　ムレスズメ属

多くの刺を持つ低い木で、直立或いは横ばい、高さは1～3メートルである。基部は枝分かれしており、樹皮は深い灰色或いは黒色である。托葉は硬化せず、針刺状である。葉軸は全て宿存し硬化し針刺状になる。葉は枝の上部に密集する。小葉は羽状並んでおり、楕円形、先端は円い或いは鋭く、両面はまばらに長い柔毛に覆われている。花は単生である。萼は筒状で、密生し、長い柔毛がある。花冠は浅い赤色である。莢果は楕円形で、密生しており長い柔毛がある。遼寧省、河北省、山西省、内モンゴル、西北部、四川省に分布する。山坂の水辺に生育する。茎の繊維から縄と麻袋を造ることができる。

Caragana crassispina

漢名：粗刺錦雞兒（カラガナ・クラシスピナ）

マメ科　ムレスズメ属

低木で、高さ1.2メートルである。葉は羽状で、花は単生である。萼筒は管状のつりがね形である。花冠は鮮やかな黄色である。中国北部及び中部、南西部に分布する。

Desmodium callianthum

漢名：美花山螞蝗（ヌスビトハギ・カリシウム）

マメ科　ヌスビトハギ属

低木で、高さは2メートル、多く枝分かれし、のちに脱落する。葉は小さく、まばらに短い柔毛に覆われている或いは無毛である。葉は楕円形である。花序は頂する或いは円錐のもの、或いは分かれる。萼は三角である。花冠は紫色或いはピンク、白色である。花期は6～8月である。海抜1700～3300メートルの山坂、路肩、水辺の茂み、森林、川谷の岩石において成長する。チベット南西部、南東等及び四川省、雲南省南西北部に分布する。

Melilotus officinalis

漢名：草木樨（メリロトゥス・オフィキナリス）

マメ科　シナガワハギ属

茎の高さは3メートルに達し、全体は非常に香りが強い。小葉は楕円形で先端は円く、縁には鋸歯がある。花序は腋生である。萼はつりがね状で萼歯は三角形で、花冠は黄色、旗弁と翼弁は等しく長い。莢果は楕円形でわずかに毛があり、網状の脈ははっきりしている。種子は1粒で、褐色である。四川省および長江以南、東北、華北、北西、及びチベットに生育し、欧州でも見ることができる。種子は乾燥或いは温室な地区に適しており、アルカリ性及び日照りにも耐えることができ、比較的生命力が強い。牧草や肥料として使用することもできる。

Oxytropis pauciflora

漢名：少花棘豆（オキシトロピス・パウシフローラ）

マメ科　オヤマノエンドウ属

多年生の植物で、高さは5～10センチである。羽状の複葉は長さ3～8センチである。托葉は草質で、楕円形、基部と柄ははりついている。未熟時はまばらに白色と黒色の柔毛がある。3～5輪の花が傘形に近い花序を形成する。蕾は楕円形で、毛に覆われている。萼はつりがね状で密に黒色の短い柔毛に覆われ、ある時は白色の柔毛もある。萼歯は針形である。花冠は青紫色で、花弁は楕円形である。先端は凹んでいるか或いは楕円形である。莢果は楕円状の円柱状で、白くて短い柔毛に覆われている。花期は6～7月である。甘粛省、青海省、ウイグル、チベットに分布する。

植物類

Oxytropis sericopetala

漢名：毛瓣棘豆（マオバン・オヤマノエンドウ）

マメ科　オヤマノエンドウ属

多年生の植物で、高さは 10 〜 40 センチであり、1 種の温暖、乾燥な場所を好む種である。羽状の複葉を持つ。小葉は細長い楕円形で、先端は鋭い。基部はだんだん細くなり、両面は密に白い絹状の長い柔毛に覆われている。多くの花は穂形の花序を形成する。蕾は線形で、長さは約 1mm で先端はとがっており、白色で絹状の長い柔毛に覆われている。萼は短いつりがね形で、白色で絹状の柔毛と黒色の短い柔毛に覆われている。萼歯は線形である。花冠は赤紫色、青紫色、稀に白色のものがある。旗弁は楕円形で、後ろ側は絹状の短い柔毛に覆われている。翼弁は楕円形で先端は僅かに凹んでおり、無毛である。莢果は楕円形でわずかに膨張する。花期は 5 〜 7 月で、果期は 7 〜 8 月である。チベット南東部に分布し、海抜 2900 〜 4450 メートルの川の砂地、岩場、砂丘、山坂、扇状地において成長し、ヤルツァンンボ江及びその支流の両岸の岩場に群衆している。

Piptanthus concolor

漢名：黄花木（ホワーンホワムー）

マメ科　ホワーンホワムー属

低木で、高さは 1.5 〜 2 メートルである。幼枝は密に黄色或いは白色の短い柔毛に覆われ、どんどん抜け落ちていく。托葉は早くに落葉する。花序は頂生し、3 〜 7 輪の花が咲く。蕾は輪生で、楕円形で、先は鋭い。下面は白色の長い柔毛に覆われている。萼が筒状で、ここにも長い柔毛に覆われている。花冠は黄色である。子房は細く、長い柔毛が密生している。莢果は細く短い柔毛に覆われており、先端はとがっている。陝西省、甘粛省、四川省、雲南省、チベットに分布する。山坂、林或いは水辺の茂みに生育する。夏秋に趣旨をつみとり、干して薬として使うことができる。

Sophora moorcroftiana

漢名：沙生槐（ソフォラ・モールクロフティアナ）

マメ科　クララ属

低木で、高さは約 1 メートルである。枝分かれは多く、密集しており、小枝は密に灰白色の綿毛或いは繊毛に覆われ、育たない枝の末端はよく刺に変化する。羽状の複葉をもつ。托葉は桐状で、初期は少し硬く、のちに刺に変化する。花序は小枝の末端に位置し、花は比較的大きい。萼は青色で浅井カップ状である。花冠は青紫色で、旗弁は楕円形で先端は凹んでいる。基部は狭く柄になっている。莢果は串珠状である。種子は淡い黄褐色で、楕円状の球形である。花期は 5 〜 7 月で、果期は 7 〜 10 月である。中国のチベット（ヤルツァンンボ川流域）に分布する。海抜 3000 〜 4500 メートルの山谷の川辺の林或いは岩場の茂みに生育する。この種は良好な土壌を保持する植物で、同時に果実も高山の寒い地域のたんぱく質を含む飼料として使用される。

199

Tibetia himalaica

漢名：高山豆（ティベリアヒマライカ）

マメ科　高山マメ属

多年生の植物である。葉の長さは2～7センチで、葉の柄は稀にまばらに長い柔毛に覆われている。托葉は大きく楕円形で、長い柔毛がはりついている。小葉は楕円形で先はわずかに切れ込みがあり、長い柔毛に覆われている。傘形の花序には1～3輪の花が咲きく。蕾は長い三角形である。萼はつりがね状である。花冠は深い青紫色で、旗弁は楕円形、頂端はきれこみがある。翼弁は広い楔形である。花柱は折れ曲がっており、莢果の筒形となり、稀にまばらに柔毛に覆われている或いは無毛である。種子はつるつるしている。花期は5～6月で果期は7～8月である。甘粛省、青海省、四川省、チベット、雲南省に分布する。

Vicia angustifolia

漢名：窄葉野豌豆（ヤハズエンドウ）

マメ科　ソラマメ属

1年生の植物である。茎はまばらに長い柔毛が生えているか或いは無毛である。羽状の複葉は巻いている。花は葉の付け根から生え、単生或いは双生である。萼は筒状で鋭く三角形の5本の歯があり、黄色のまばらな柔毛を持つ。花冠は赤色である。花柱の頂端の後ろには毛がある。莢果は細く、成熟時には黒色である。種子は小さく球形である。中国北部の各省及び華東各省に分布する。茎と葉は牧草として使用される。

Vicia tibetica

漢名：西藏野豌豆（チベットノエンドウ）

マメ科　ソラマメ属

多年生の植物で、高さは10～25センチである。茎は分枝があり、わずかに柔毛に覆われている或いは無毛である。偶数の羽状の葉をもつ。托葉は三角形で、互生で厚く、楕円形である。萼はななめのつりがね状である。花冠は赤色或いは紫色、淡い青色である。莢果は楕円形で皮は光沢があり、茶黄色或いは草黄色であり、斑点がある。種子は1～4粒で、楕円形で色は黒い。花果期は5～8月である。

植物類

Oxalis acetosella subsp. Griffithii

漢語名：山醋漿草（ミヤマカタバミ）

カタバミ科　カタバミ属

多年生の植物で、地上の茎はない。根状の茎は横ばいである。葉は全て基部より生えており、掌状の3枚の複葉があり、柄はなく、三角形で、頂端は僅かに凹んでいる。基部は気さび形で、表面は無毛で、裏面はまばらに長い柔毛に覆われている。花は単生で萼は5つで、楕円形、膜質である。花弁は5枚で楕円形で白色或いは淡い黄色である。蒴果は楕円形で、成熟時は後ろ側が裂ける。花期は5月で、果期は6～8月である。この種は薬草として使用され、解熱、血行促進、むくみ止め、痛み止めなどの効果がある。

Oxalis corniculata

漢名：醋漿草（カタバミ）

カタバミ科　カタバミ属

枝分かれをする植物で、茎は弱く、横ばいである。節上に不定の根が生え、まばらな柔毛に覆われている。3枚の小葉は複葉で、互生である。小葉は柄がなく、ハート形である。花は1から数輪が腋生の傘形の花序を形成し、花梗と葉柄は等しく長い。花は黄色で、萼は楕円形である。花弁は楕円形である。中国の南北各地に分布する。茎と葉は蓚酸を含み、鏡や銅器を磨くことができる。薬草としても使用され、解熱、利尿、むくみ解消、痛み止めの効果がある。多くは中国のウイグルを除く地域に分布する。

Erodium cicutarium

漢名：芹葉牻牛兒苗（オランダフウロ）

フウロソウ科　オランダフウロ属

1年生或いは2年生の植物で、ある。高さは10～45センチで、全体に白い柔毛がある。茎は直立或いは斜めに生えており、通常多くのもの密集している。基部の葉は多数で、長い柄があり、茎の葉は対生或いは互生で、楕円形である。傘形の花序は腋生である。萼にも同様の腺毛があり、するどい。花弁は紫色或いは淡い赤色で、萼と同じ長さ或いはそれより短い。蒴果の長さは2.5～3センチで、伏毛がある。内モンゴル、北西部、山東省、江蘇省に分布し、草原や山坂、半砂漠などで成長する。牛と羊の牧草としても使用される。

201

Geranium pylzowianum

漢名：甘青老鸛草（ゲラニウム・ピルゾウィアヌム）

フウロソウ科　フロウソウ属

多年生の細くて弱い植物で、高さは 10 〜 20 センチである。茎は細く、斜めに伸び、1 回或いは 2 回枝分かれをする。枝と葉にはまばらな伏毛がある。葉は互生で楕円形である。花序は腋生で、葉の長さを超えている。細くて長い柄があり、2 輪或いは 4 輪の花が頂生する。花柄の長さは 5㎝に達し、線状で果期には下に湾曲する。萼の長さは花弁の半分で、5 脈あり、花弁は赤紫色であり、楕円形である。蒴果は長さ 2㎝でわずかに毛がある。甘粛省、青海省、チベット、四川省、雲南省西部に分布する。海抜 2000 〜 3600 メートルの山地の草原に生育する。

Polygala sibirica

漢名：西伯利亜遠誌（シベリアオオヒメハギ）

ヒメハギ科　ヒメハギ科

多年生の植物で、高さは 30㎝に達すし、わずかに柔毛に覆われている。葉は楕円形から針形である。花序じゃ腋外生で、花は紫色で、萼は宿存する。外輪は 3 枚で、内輪は 2 枚の花弁状である。花弁は 3 枚で、中間の竜骨弁の後ろの頂部には亀裂したとさか状の付属物があり、両側の花弁の下 1/3 と花の鞘は貼りついている。内面の下部には短い柔毛がある。蒴果はハート形で、周囲には短い毛がついている。東北、華北、陝西省、甘粛省、青海省、華東、華中、華南、南西に分布する。山坂の草地に多く生える。根は薬草として使用でき、淡止め、神経を鎮める効果があり、慢性の気管支炎にも効く。

Euphorbia fischeriana

漢名：狼毒大戟（ユーフォルビア・フィシェリアナ）

トウダイグサ科　トウダイグサ属

多年生の植物で、高さは 40 センチに達し、白色の乳汁をもつ、葉状の蕾は 5 つで、輪生し、楕円形で、基部は円形である。花序の多くは傘状で、頂生し、通常 5 つは固く傘状である。カップ状の花序はひろいつりがね状で、つぼみの頂端の花弁は三角形、内側は無毛で、外側には柔毛がある。蒴果は楕円形で、短い柔毛に覆われている或いは無毛である。種子は楕円形で淡い褐色である。東北、内モンゴル及び河北省に分布する。乾いた草原や乾燥した丘の茂みなどに生育する。根は薬草として使用でき、各種の毒にたいして効果がある。茎と葉の液体はメイチュウやアブラムシを予防する効果がある。

植物類

Euphorbia humifusa

漢名：地錦（ニシキソウ）

トウダイグサ科　トウダイグサ属

1年生の植物で、茎は繊細で横ばいである。葉は通常対生で、円形、頂端は円く、縁には細かい鋸歯がある。色は緑色或いは赤色で、両面は無毛或いはある時はまばらに毛が生えている。葉の付け根から生えるカップ状の花序は単生である。蕾は円錐下形で、薄い赤色で花弁は長い三角形である。腺体は4で円形、白色の花弁状の付属物をもつ。蒴果は球形である。種子は楕円形で、黒褐色で、外は白い粉に覆われている。広東省、江西省を除いて全国各地に分布する。日本にも分布している。野原の荒れ地や路肩および田畑に生育し、非常によく見ることのできる雑草である。草は薬草として使用でき、解毒、利尿、乳通、止血、殺虫などの効果がある。

Callitriche palustris

漢名：沼生水馬歯（ミズハコベ）

アワゴケ科　アワゴケ属

1年生の植物で、高さは30～40センチである。茎は繊細で弱く、多く枝分かれしている。葉は対生で、茎の先端は水面に浮いている葉と密集し、蓮座状になっており、楕円形或いはさじ形である。花は単生で、雄花は蕾が2つあり、雄蕊の基部のあり、膜質である。雌花の蕾は雄花と同様である。果実は楕円形で、先端はわずかに凹んでいて、羽を持ち、成熟後に分離する。花期は8～9月で、果期は10月である。海抜3100～3450メートルの深い水たまりの中に生育し、東北、華東から南西にかけて分布している。

Acer caudatum

漢名：長尾槭（オガラバナ）

カエデ科　カエデ属

落葉する大木で、高さは20メートルである。小枝は頑丈で、当年生の枝は紫色或いは緑紫色で、無毛に近く、多年生の枝は灰色或いは黄灰色で、楕円形の皮孔をもつ。葉は薄く紙質で、基部はハート形である。花弁は三角状の楕円形で先端は鋭く、淵には鋭い鋸歯がある。花は雑性で、よく黄色く長い柔毛の頂生する花序になる。萼は5つで淡い黄色で無毛、線状で楕円形或いは針形で、先端は円い。花期は5月で果期は9月である。

203

Berchemia yunnanensis

漢名：雲南勾兒茶（ユンナネンシス・クマヤナギ）

クロウメモドキ科　クマヤナギ属

つる状の低木であり、高さは2.5～5メートルである。枝はまっすぐ伸び、淡い黄緑色で、古い枝は黄褐色で無毛である。葉は紙質で楕円形である。花は黄色で無毛、通常数輪が密集している。花序は通常葉の側枝の頂端から生え、無毛である。芽は楕円形で頂端は円い或いは鋭い。萼は三角形で長短は鋭い或いはだんだんとがっている。花弁は楕円形で頂端は円い。核果は円柱形で頂端円く、成熟時には赤色或いは黒色であり、味は甘い。花期は6～7月で、果期は翌年の4～5月である。陝西省、甘粛省南東部、四川省、貴州省、雲南省西部及び東部に分布し、海抜1500～3900メートルの山坂、渓流の川辺の茂みに生育する。

Impatience fragicolor

漢名：草苺鳳仙花（インパチェンス・フラクコリオール）

ツリフネソウ科　ツリフネソウ属

1年生の植物で、高さは30～70センチである。茎は頑丈で、円柱形で無毛、常に紫色である。葉は柄があり、下部は対生で、上部は互生、針形であり、縁には鋸歯がある。花梗は少なく、上部の葉の付け根に生え、傘房状に並ぶ。基部は針形の蕾があり、花は紫色或いは淡い紫色で、長さは2～2.5ミリである。側生の萼は2枚で楕円形で頂端は鋭い。基部はハート形である蒴果は楕円状の線形で、長さは約2cmで、頂端は鋭い。花期は7～8月である。

Hypericum choisyanum

漢名：多蕊金絲桃（ヒペリカム・チョイスヤヌム）

オトギリソウ科　オトギリソウ属

低木。高さは1メートルである。葉は対生で、楕円形である。3～5輪の花は黄色で、花期は7～8月である。光を好み、寒さにも耐えることができ、わずかにやせている。チベットの波密、米林、林芝、亜東に分布し、海抜2500～3400メートルの林や山坂の茂みに生育する。

植物類

Vidla biflora

漢名：雙花菫菜（キバナノコマノツメ）

スミレ科　スミレ属

地価の茎は短く、地上の茎は細く弱く、無毛で、枝分かれはしない。葉は腎形で、ハート形と楕円形のもの少ない。托葉は草質で、楕円形、縁にはまばらに鋸歯がある。花柄は対称になっている。萼は5枚で細く、頂端は円い。花弁は5枚で黄色で紫色の条紋がある。果実の長さは4～7ミリで、無毛である。東北、華北、西北、雲南省、四川省西部とチベットに分布し、高山草原及び高海抜の草坂或いは林の中に生育する。

Myricaria rosea

漢名：臥生水柏枝（マイリリア・ロセア）

ギョリュウ科　ミルキアリア属

多年生の横ばいの低木であるが、よこばいの状態にはならない。葉は楕円形から針形で、花枝の先に生える葉は比較的大きい。花序は頂生し、粗く短い、最後は7cmに達する。5～6月に開花し、蕾は楕円状の針形である。萼は楕円状の針形で、花弁はピンク色から赤紫色で、楕円形である。海抜2600～4600メートルの岩質の山坂、川灘の草地、鉱山の川谷の堆積地などで成長する。高山野生の植物で、花序の枝はよく高く、黄緑色或いは赤紫色で、比較的観賞価値が高い。

Epilobium angustifolium

漢名：柳蘭（ヤナギラン）

アカバナ科　ヤナギラン属

多年生の植物である。根状の茎は横ばいである。茎の高さは約1メートルで、茎は直立しており、枝分かれはしない。単葉は互生で、柄はなく、葉の針形である。花序は長穂形で、茎の先に位置する。花は多く大きく、赤紫色で、蒴果は線状である。花期は6～8月である。海抜3100～4250メートルの山坂の林や川谷の湿原に生育する。中国南西、西北、華北から東北に生育する。これは花を観賞するタイプの高原植物である。

205

Myriophyllum spicatum

漢名：穂狀狐尾藻（ホザキノフサモ）

アリノトウグサ科　フサモ属

水生植物。茎は円柱形で長さは1〜2センチで、枝分かれを多くする。通常葉が4〜6輪生で、羽状に深く裂けている。穂状の花序は頂生或いは腋生である。蕾は楕円形で、縁には細い歯がある。花は両性或いは単性で、雌雄同株、よく4輪が花序軸上に咲いている。単性のものの雄花は雄蕊が花序の上部にあり、雌花は下部にある。萼はとても小さく、4つに切れ込みがあり、萼筒は極めて短く、花弁は4枚でさじ形である。果実は球形で直径1.5〜3ミリで、4本の切れ込みがある。この種は世界に多く分布しており、中国南北の各地で見ることができる。池や河川に生育し、魚の飼料としても使用される。

Epilobium sikkimense

漢名：鱗片柳葉菜（エピロビウム・シッキメンセ）

アカバナ科　アカバナ属

多年生の植物で、直立しており、密生している。茎の高さは（5〜）10〜25（〜60）センチで、枝分かれはせず或いはある時は少し枝分かれをし、稀に多く枝分かれする。葉は対生で、花序の上のものは互生であり、草質或いは膜質であり、柄はない。花序は常に垂れ下がっており、蕾は茎の長短に密集する。花が芽の時は直立或いは下に垂れている。蕾は楕円形である。花弁はピンク或いはバラ色で、ハート形から楕円形である。蒴果は長さ5〜9センチで、直立しており、まばらに曲がった柔毛と腺毛に覆われている。種子は楕円形で、灰褐色である。花期は8〜9月。海抜（2400〜）3200〜4700メートルの高山の草地や渓谷、岩場、氷河沿いの石がちの湿地に生育する。

Bupleurum marfinatum var.stenophyllum

漢名：窄竹葉柴胡（ミシマサイコ）

セリ科　ミシマサイコ属

多年生の植物である。比較的小さく、高さは25〜60センチである。葉は細長い。基部の葉は緊密に2列に並んでいる。花序は少なく、花柄は短い。蕾は花柄より長い。果実は円形で茶褐色である。花期は8〜9月で、果期は9〜10月である。中国西部及び南勢地区に分布する。海抜2700〜4000メートルの高山地区の林、山坂、川沿い、路肩に生育する。この種の根或いは全体は薬草として使用でき、発熱、痛み、頭痛、めまい、月経不順など効果がある。

植物類

Diapensia himalaica

漢名：喜馬拉雅巖梅（ヒマラヤイワウメ）

イワウメ科　イワウメ属

広がって生える低木であり、高さは約5センチである。葉は密集しており、瓦状に並んでおり、革質で、楕円形である。萼は5つで片は楕円形である。花冠はつりがね状で、赤紫色である。蒴果は球形で、増大した果萼内に包まれている。花梗の長さは1.5〜2センチであり、果萼は膜質で、楕円形で、宿存する。花期は5〜6月で、果期は7〜10月である。海抜3000メートル以上の高山の茂みや湿地に生育する。チベット南東部にも分布する。ヤルツァンボ大峡谷において、もし那拉錯の徒歩の旅に参加すれば、この岩の上に強く美しく生きるこの種の植物を見ることができる。また、植物学の文献の中にほかの地区のものにはみなこの種の記載はない。

Pyrola calliantha

漢名：鹿蹄草（ピロラ・カリナンタ）

イチヤクソウ科　イチヤクソウ属

常緑の植物である。全体は光沢があり、無毛で、根状の茎は細長く、横這いである。葉は基部から生え、円形或いは楕円形であり、革質で、葉の裏と柄は緑色である。花序は花茎の頂端にあり、花弁は白色で、ピンク色を帯びている。蒴果は球形である。花期は5〜6月で、果期は9〜10月である。海抜300〜4100メートルの山地の林、針葉広葉混合樹林に生育する。中国の大部分の地区にこの種は分布している。この草は薬草として使用できる。味はわずかに苦いが、血行の招請、止血、除湿、腎臓の精力増強に効果がある。これは病の時に欠かすことのできない薬草であり、また家庭の盆栽としても価値のある植物である。

Diplarche multiflora

漢名：多花杉葉杜鵑（ディプラチ・ムルチフロラ）

ツツジ科　ディプラチ属（杉葉杜屬）

常緑で直立する低木であり、高さは8〜14センチである。枝は密集しており、まばらに腺状の細い毛が生えており、葉枕は粗く密であるため表面は粘性である。葉は小さく、密生しており、革質であり、針形である。花は小さく、バラ色で、8〜12輪が枝先で密集している。葉状の蕾は楕円形で、数は多く、淵には毛が生えている。萼は5枚の楕円形で革質であり、同様に毛が生えている。花冠は筒状で、口は5つに裂けている。蒴果は球形で、宿存する萼内に包まれている。チベット、雲南省に分布し、高山の岩場に生育する。

207

Lyonia villosa var.sphaerantha

漢名：光葉珍珠花（ネジキ）

ツツジ科　ネジキ属

葉の裏面が無毛に近いのがこの種の特徴である。花序は比較的短く、花梗無毛或いは基部に少数の柔毛がある。花冠はつぼ状で子房は無毛である。蒴果は比較的小さく、球形或いは卵形に近く、直径は 2.5 〜 3.5 5 ミリである。

Vaccinium fragile

漢名：烏鴉果（ウアカ）

ツツジ科　スノキ属

常緑の低木であり、高さは 1.5 メートルである。葉は密生しており、硬革質であり、柄は極端に短く、楕円形である。花序は腋生で、幼枝の頂部に位置し、総軸と幼枝には同様の毛がある。花冠はピンク色で、筒状のつぼ形である。漿果は球形で、成熟時は黒紫色で、内側には多数の細くて小さい種子がある。果実は熟成すると食べることができ、味は甘酸っぱい。全体を薬草として使用することができ、筋肉の活性や痛み止めなどの作用がある。花期は春夏から秋までに至り、果期は 7 〜 10 月である。チベット、雲南省、四川省、貴州省に分布し、海抜 1100 〜 3400 メートルの松林、山坂の茂みに生育し、この種が生え土壌は酸性である。

Androsace bisulca

漢名：昌都點地梅（アンドロサケ・ビスルカ）

サクラソウ科　トチナイソウ属

多年生の植物で、形は不規則の半球形で密集している。主根は木質である。花葶は補足弱く、まばらに綿毛状の柔毛に覆われており、頂端は比較的密である。傘形の花序は 2 〜 8 輪の花が咲き、花萼はカップ状である。花冠は白色或いはピンク状で喉部は黄色、片は楕円形である。花期は 5 〜 6 月で、果期は 7 〜 8 月である。もっとも多く見られる地域は四川省西部とチベット東部である。海抜 3100 〜 4200 メートルの林と湿地に生育し、ヤルツァンボ大峡谷周辺の山の高海抜地区ではこの種の成長を見ることができる。

植物類

Androsace erecta

漢名：直立點地梅（アンドロサケ・エレクター）
サクラソウ科　トチナイソウ属

多年生の植物で、真っすぐの根は細長い。茎は直立で、稀剛毛に覆われている。基部の葉は密集して蓮花状になっており、葉は針形で、剛毛に覆われている。茎の葉は楕円状の針形で先は鋭く、白骨質の縁をもつ。花序はひらいており、円錐形で、まばらな剛毛に覆われている。花萼はつりがね状で、5つに裂け、裂けた部分は針状の三角形になっている。花冠は淡い赤色で、花弁は楕円形であり、内巻き、頂端は凹んでおり、わずかに花萼の上から露出しており、花筒は極端に短い。蒴果は球形である。雲南省南西北部、四川省西部、甘粛省西部、青海省及びウイグルの境界に分布する。

Androsace strigillosa

漢名：糙伏毛點地梅（アンドロサケ・ストリギローサ）
サクラソウ科　トチナイソウ属

多年生の植物である。主根は頑丈で、灰褐色で、支根は少ない。葉は3型あり、外層の葉は舌形或いは楕円形の針形或いは三角状の針形である。中層の葉は舌形或いは楕円状の針形である。内層の葉は大きく緑色或いは灰緑色で、楕円形或いは針形である。花萼は円錐形であり、外面はまばらに短い柔毛と腺毛に覆われており、分裂し、長さは全長の約1/3に達し、先端は鋭い或いはわずかに円い。縁は毛に覆われている。花冠は深い赤色或いはピンク色で、花弁は楔状の楕円形である。花期は6月で、果期は8月である。

Androsace sublanata

漢名：綿毛點地梅（アンドロサケ・サブラタ）
サクラソウ科　トチナイソウ属

多年生の植物である。蓮座状の葉は直径1.5〜4.5センチで、基部には枯葉が残っており、単生或いは2〜3枚が密集して根茎の斜めに生えている。葉は2型あり、外層の葉は舌状の楕円形で、数は多く、等しい長さである。内層の葉は大きく、楕円形或いは針形である。花葶は単一で、高さ9〜30センチ、まれにまばらに綿毛上の長い毛に覆われている。傘形の花序は3〜11輪の花がある。蕾は小さく、楕円形であり、先端及び縁は毛に覆われている。花萼はカップ状で、弁は楕円形で先端は凹んでいるものがある。花期は6〜7月である。雲南省南西北部（麗江）と四川省南西部（郷城）に分布する。海抜3000〜4000メートルの山坂や林の茂みに生育する。薬草として使用でき、水膨れに対して効果があり、チベット薬学の1種の原料である。

Lysimachia prolifera

漢名：多育星宿菜（オプロリフェラオカトラノ）

サクラソウ科　オカトラノオ属

多年生の植物である。茎は粗くて短い根頚から出ており、通常密生しており、基部は常に傾いており、長さは10〜25センチで、密に褐色で柄のない腺体に覆われている。葉は対生で、茎の上部に或るときは互生として生えている。花は少なく、茎の先の葉の付け根に生えている。咢の長さは約5㎜で、基部の近くまで分裂しており、弁は針形或いは桐形で、後ろ側は暗い紫色或いは黒色の短い腺状である。花冠は淡い赤色或いは白色で、弁は楕円状のさじ形である。蒴果は球形で、直径は3〜4㎜である。花期は5〜6月で、果期は6〜7月である。チベット南部と雲南省北西部に分布し、海抜2700〜3300メートルの山坂の草地と林に生育する。

Solanum nigrum

漢：龍葵（イヌホオズキ）

ナス科　ナス属

1年生の植物で、高さ0.3〜1メートルである。茎は直立しており、多く枝分かれする、葉は楕円形で、全ての縁或いはところどころに波状の粗い歯があり、良縁は光沢があり、或いは疎らに短い柔毛に覆われている。花序は短く、短くサソリの尾状になっており、4〜10輪の花が咲く。花咢はカップ状である。花冠は白色で、弁は楕円状の三角形である。世界の温帯と熱帯地区に広く分布し、中国の各地に等しく分布する。薬草として使用でき、解熱、解毒、水膨れに対して効果がある。

Lancea tibetica

漢名：肉果草（チベットニクズク）

ゴマノハグサ科　ニクズク属

多年生の植物、高さは10センチを超えない。葉は対生で、いくつかが蓮座状になっている。葉は革質で、楕円形或いはさじ形である。花は数輪が密生し或いは総状の花序になっており、或いは単生で花梗の上には小さな蕾がある。花咢はつりがね状で、皮質である。花冠は深い青色或いは紫色である。果実は肉質で裂けずに、赤色或いは深い紫色、球形で端は鋭い。チベット、青海省、甘粛省、四川省、雲南省に分布し、果肉はチベット薬学の薬であり、肺を浄化する効果がある。

植物類

Mazus celsioides

漢名：琴葉通泉草（ケロイド・サギゴケ）

ゴマノハグサ科　サギゴケ属

1年生の植物で、高さは40センチで、頑丈で、全体は多細の胞白色の長い柔毛に覆われている。茎は1〜3センチで、直立しており、硬く、基部は木質化しており、通常基部には分枝があり、枝は長く、小枝もある。基部の葉は多数で、蓮座状である。花序は頂生し、20センチに達し、それぞれ多くの花が咲き、実がなる時はまばらになる。蕾は細く針形である。花萼は漏斗状で、花冠はピンク色或いは紫色である。蒴果は楕円形で、種子は小さく黄緑色である。花果期は6〜7月である。雲南省、チベットに分布し、海抜2000メートルの雑木林、山坂、水辺、草地に生育する。

Oreosolen wattii

漢名：藏玄参（ゴマノハグサ）

ゴマノハグサ科　ゴマノハグサ属

低く小さい植物で、全体は粒状の腺毛に覆われている。茎の高さは5センチである。葉は対生で、下部は鱗片状になっており、葉はハート形或いは扇形、楕円形である。花は数輪が密生している。花萼は5片に裂け基部に達し、針形である。花冠は黄色である。蒴果は球形でとがっている。チベット、青海省に分布し、海抜3000〜5100メートルの高山湿地に生育する。

Ceratostigma minus

漢名：小藍雪花（ルリマツリモドキ）

イソマツ科　ルリマツリモドキ属

低木であり、高さは10〜50（100）センチである。小枝は赤色を帯び、横に伸びる毛と柔毛と腺毛を併せ持つ。葉は楕円形から匙形である。花序は頂生するものと、腋生のものがある。蕾は気褐色で、わずかに硬い毛がある。花萼の長さは6.5〜9ミリである。腺毛はなく、萼筒は長さ2〜3ミリで無毛、弁の縁は白色で、赤色を帯び、硬毛が生えている。花冠は赤紫色である。蒴果は裂けている。甘粛省南部、四川省、雲南省、チベットに分布し、海抜1000〜4500メートルの山坂、川岸或いは茂みの中に生育する。根は薬用で、炎症の抑制、痛み止め、リューマチを防ぐ効果がある。

211

Jasminum officinale f.Sffine

漢名：大花素方花（ロイヤルジャスミン）

モクセイ科　ソケイ属

この種の花は比較的大きく、花冠の管の長さは1.7メートルで、基部の直径は2.5〜3ミリ、喉部の直径は4〜5ミリ、花弁の長さは0.6〜1.22センチで、花冠の外面および花芽は比較的深い赤紫色である。栽培すると、花は更に大きくなり、花の色はより深くなる。花期は5〜7月で、果期は7〜11月である。四川省、チベット等に分布し、海抜1900〜3960メートルの地区の石の間や山坂、水辺等に生育する。

Megacodon stylophorus

漢名：大鐘花（メガコドン・スティロフォルス）

リンドウ科　メガコドン属

多年生の植物で、高さは30〜60（100）センチで、全体はなめらかである。茎は直立しており、頑丈で、黄緑色、中は空で、枝分かれはしにい。基部には2〜4対の小葉があり、膜質で、黄白色、楕円形である。中、上部の葉は大きく、草質で緑色で先端は円い、基部は円形である。花は2〜8輪で、頂生するものと腋生のものがある。花冠は黄緑色で、緑色と褐色の網状の脈があり、つりがね形である。花果期は6〜9月である。チベット南東部、雲南省北西部、四川省南部に分布し、海抜3000〜4000メートルの林間の草地や水辺の茂み、山坂の草地などに生育する。

Menyantehes trifolia

漢名：睡菜（ミツガシワ）

リンドウ科　ミツガシワ属

多年生の沼生植物で、通常は密生する。根状の茎は横ばいで、厚く、淡い黄色である。花葶は基部の葉の側からでており、長さは約35センチで、総状の花序である。花冠は白色である。味はわずかに苦く、無毒で、肺を潤す効果、咳止め、むくみ止め、血圧を抑える効果などがある。

植物類

Cynanchum auriculatum

漢名：牛皮消（イケマ）

ガガイモ科　イケマ属

曼性の植物で、乳汁があり、茎はわずかに柔毛に覆われている。葉は対生で、膜質、ハート形であり、表面は深い緑色で、裏面は灰緑色、僅かに毛に覆われている。花序は傘房状で、花の数は30に達する。花萼の片は楕円形である。花冠は白色で片は折れており、内面はまばらに柔毛に覆われている。副花冠は浅いカップ状で、頂端は楕円形で、肉質、それぞれの内側には三角形の舌状の鱗片に覆われている。袋果は双生で、刺は刀状である。種子は楕円形で頂端には白い絹質の毛がある。ウイグルを除く北西部、南西部、仲南部、華中、華東、及び華北の各省に広く分布し、林及び重見の中或いは湿地等に生育する。根は薬用され、小児肺炎、腎炎等に効果がある。

Cynanchum forrestii

漢名：大理白前（フナバラソウ）

ガガイモ科　イケマ属

多年生の直立植物で、茎は単茎、まれに基部で枝分かれしているものがある。葉は対生で、薄紙質で、楕円形である。花序は腋生或いは頂生し、花の数は10余りである。花萼は5枚で円形の毛があり、基部には柔毛がある。副花冠は肉質の三角形で、おしべと等しい長さである。種子は平たい。花期は4～7月で、果期は6～11月である。甘粛省、四川省、雲南省に分布し、海抜1500～3500メートルの林、乾燥した草地或いは谷の水辺等に生育する。根は薬用でき、解熱、利尿、痛み止めなどの効果がある。

Cuscuta europaea

漢名：欧州菟絲子（ヨーロッパネシナカズラ）

ヒルガオ科　ネナシカズラ属

1年生の寄生植物である。茎は細くて弱く、淡い黄色或いは赤色で、まきついており、葉派ない。花序は球状或いは頭状である。蕾は楕円形で頂端はとがっている。花萼は碗状である。花冠は淡い赤色で、つぼ型、花弁は楕円状の針形である。蒴果は球形で、表面は粗く粘性である。河北省、山西省、ウイグル、四川省、チベット、ネパール、インド、日本に分布し、またヨーロッパにも分布する。多種の植物に寄生し、マメ科、キク科、アカザ科、バラ科などによく寄生する。

213

Cynoglossum amabile

漢名：倒提壺（シノグロッサム）

ムラサキ科　オオルリソウ属

茎の高さは25〜60センチで、短い柔毛が密生しており、下部より上は枝分かれしている。基部の葉には長い柄があり、楕円形或いは針形である。花序は鋭い角度で枝別分かれし、蕾ははない。花萼の外面は短い柔毛に覆われており、花弁は楕円形である。花冠は青色である堅果は4つあり、楕円形で錨状の刺がある。チベット東部、雲南省、貴州省西部、四川省西部、甘粛省南部に分布し、海抜1400〜3000メートルの山地の草坂或いは松林に生育している。この種は有名な薬用植物で、根および全体は全て薬用でき、解熱、うっ血防止、咳止めなどの効果がある。それにより花は濃密で、花の色は鮮やかで、比較的観賞価値の高い植物である。庭園の中の岩の岩石園、芝生や路肩などにも植えることができ、その灰緑色の葉及び空色の葉を鑑賞することができる。

Hackelia brachytuba

漢名：寛葉假鶴虱（ハッケリア・ブラキツバ）

ムラサキ科　イワムラサキ属

多年生の植物で、高さは40〜70センチである。茎は多く枝分かれし、まばらに短毛が生えている。基部から生える柄の長さは25cmに達し、葉の形はハート形である。茎の葉の柄は比較的短く、葉は楕円形である。花序は茎或いは枝の頂端に生え、2叉状である。花冠は青色或いは淡い紫色で、つりがね状である。花柱の高さは堅い果を超えている。花果期は7〜8月である。チベット南部、雲南省北西部、四川省及び甘粛省南部に分布する。海抜2900〜3800メートルの山坂或いは林に生育する。

Lappula myosotis

漢名：鶴虱（カクシツ）

ムラサキ科　ワスレナグサ属

1年生或いは2年生の植物である。茎は直立しており、高さは30〜60センチ、中部以上は多く枝分かれしており、白色で短い粘性の毛に覆われている。基部の葉は楕円状のさじ形である。花序は花期は短く、果期は長い。蕾は線形で、比較的果実は長い。花萼は5つに裂けている。堅果は楕円形で、後ろは楕円形或いは針形であり、通常顆粒状のいぼがあり、稀になめらかなものもある、或いは竜骨状の突起の上に小さい刺があり、縁には2票で均等の長さの錨状の刺があり、内側の行の刺の長さは1.5〜2ミリで、基部は連合していない、外側の行の刺の長さはわずかに短い或いは同じ長さで、常に直立している。堅果の腹面は通常刺状の突起或いは、いぼ状の突起がある。花期は6〜9月である。果実は薬用でき、回虫病や蟯虫病を治すことができる。

植物類

Trigonotis gracilipes

漢名：細梗附地菜（グラシリプスキュウリグサ）

ムラサキ科　キュウリグサ属

多年生の植物である。茎は細く、通常密生し、直立或いは斜めに成長し、高さは10～40センチで、枝分かれしいない或いは下部で枝分かれし、粘性の伏毛を持つ。葉は多数あり、楕円形或いは針形である。花は茎或いは小枝の中下部の腋外に単生し、茎の頂端に蕾のない花序を形成する。花萼の花弁は楕円形で先端は鋭く、粘性の伏毛に覆われている。花冠は淡い青色で、花弁は円形である。葯は楕円形で、先端は円い。堅果は4枚で、成熟後は暗い褐色になり、短い柔毛が散生しており、後ろ側には平たい部分は三角状の楕円形である。花期は6～7月で、果期は7～8月である。雲南省、四川省、チベット等に分布する。

Trigonotis tibetica

漢名：西藏附地菜（チベットキュウリグサ）

ムラサキ科　キュウリグサ属

1年生或いは2年生の植物で、細く、平たく伸びている。茎は多く枝分かれし、高さは10～25センチで、短い粘性の伏毛に覆われている。基部の葉及び茎の葉は柄があり、葉は楕円形或いは針形で、両面とも灰色の短い伏毛に覆われている。花序は頂生し、基部は3～5枚の状の蕾があるのみである。花萼の花弁は楕円形或いは針形で、直立している。花冠浅い青色或いは白色で、つりがね状で、楕円形である。堅果は4枚で四面体形であり、成熟後は暗い褐色に変化し、光沢があり、通常はなめらかで無毛である。花期は5～9月で、果期は6～9月である。青海省、四川省、チベットに分布する。

Ajuga campylanthoides

漢名：康定筋骨草（カンディンキランソウ）

シソ科　キランソウ属

多年生の植物で、茎は直立しており、高さは8～18センチである。茎は菱形で、基部は木質化しており、通常枝分かれはせず、白色の長い柔毛に覆われている。葉は紙質で、針状の楕円形であり、長さは2.5～4cmで、縁には縁毛がある。花序は茎の上部に並び頂生し、穂状の花序を形成する。花萼は漏斗状で、長さは約4mmで、白色の長い柔毛がある。花冠は白色で、筒状で、長さ1.2～1.8cmである。花期は7～9月である。四川省西部と南西部、チベット南東部に分布する。海抜2200～2800メートルの山坂や草地に生育する。

215

Clinopodium polycephalum

漢名：燈籠草（トウバナ）

シソ科　トウバナ属

直立する多年生の植物で、高さ0.5～1メートルで、枝分かれはおおくし、基部はある時はよこばいの生根である。茎はひし形状で、粘性の固い毛或いは腺毛に覆われている。葉は楕円形である。花序には多く花があり、円球状で、花の直径は2cmで、茎及び分枝の形は太く多くの円錐形の花序がある。蕾の葉は比較的小さく、蕾は針状である。花萼は円筒状である。花冠は赤紫色である。堅果は楕円形である。花期は7～8月で、果期は9月である。中国南東部、東部、西部の各省に分布する。

Elsholtzia densa

漢名：密花香薷（ミヤマコウジュ）

シソ科　ナギナタコウジュ属

1年生の植物である。茎は直立し、高さは20～60センチで、短い柔毛に覆われている。葉は柄があり、楕円状の針形から楕円形であり、両面は短い柔毛に覆われている。花序には多くの花が密集しており、長さ2～6センチの串珠状のまばらな柔毛の円柱形で穂状の花序を形成する。蕾は楕円形で頂端は円く、縁にはまばらに柔毛がある。花萼はつりがね状である。花冠は淡い紫色で、外はまばらに柔毛に覆われている。堅果は円形で、外はわずかに柔毛がある。河北省、山西省、北西部、四川省、チベット及び雲南省に分布する。海抜1800～4100メートルの高山湿地や林、山坂に生育しする。チベットにおいてはナギナタコウジュの代わりとして使用され、また膿腫や皮膚病にも効果がある。

植物類

Lamium amplexicaule

漢名：宝蓋草（ホトケノザ）

シソ科　オドリコソウ属

1年生或いは2年生の植物である。茎の高さは10〜30センチで、無毛である。葉に柄はなく、円形或いは腎形、両面にはまばらに伏毛がある。花序には6〜10輪の花が咲く。蕾は針状の桐形で、毛がある。花萼は筒状のつりがね形である。花冠はピンク或いは赤紫色で、葯は平たく毛がある。堅毛は楕円状の三菱形で、表面には白くて大きいイボがある。河南省、華東、華中、南西部、北西部に分布し、海抜4000メートルの林、湿地、草地或いは雑草に生育する。全体は薬用でき、外傷や骨折、中風などに効果がある。

Phlomis milingensis

漢名：米林糙蘇（ベイリンフロミス）

シソ科　フロミス属

多年生の植物で、根茎は斜めに伸び、ひげ根である。茎は直立しており、高さは15〜40センチである。基部の葉は三角状の楕円形で、茎の葉は楕円形であり、蕾のは針形である。花序には約10輪の花が咲き、1〜2輪は茎の端に咲く。蕾の花弁は少数で、線状のきり形であり、長さは約8㎜で、花萼より短く、先端は鋭く、紫褐色の縁毛を持ち、花梗はない。花萼は管形で、外面の脈上には紫褐色の剛毛が見られる。花冠は赤紫色である。花盤はカップ状である。堅果は無毛である。花期は7月で、チベットに分布している。

Salvia castanea f. Tomentosa

漢名：絨毛栗色鼠尾草（サルビア・カスタネア）

シソ科　アキギリ属

多年生の植物で、茎の高さは 30 〜 65 センチ、葉は楕円状の針形或いは楕円形である。花序には 2 〜 4 輪の花が咲く。花萼はつりがね状である。花冠は紫褐色で、栗色或いは深い紫色で。長さは 3 〜 3.2 センチで、花の長さは約 7mm で、無毛である。花柱と花冠は等しい長さで、半盤の前方はわずかに膨れ上がっている。堅果は楕円形である。花期は 5 〜 9 月である。チベット南東部に分布し、海抜 2700 〜 3100 メートルの山坂或いは路肩に生育する。

Hyoscyamus niger

漢名：天仙子（ヒヨス）

ナス科　ヒヨス属

2 年生の植物で、高さは 30 〜 70 センチで、全体には短い腺毛と長い柔毛がある。茎の基部には蓮座状の葉がある。葉は互生で、楕円形である。花は葉の付け根に単生し、茎の上端において頂生する穂状の花序がある。花萼は筒状のつりがね状で、花弁の大きさは等しい。花冠は漏斗状で、黄緑色、基部と脈絡は紫色である。種子は円盤系に近い。中国北部と南西部に分布する。根と種子は薬用され、痛み止めの効果がある。チベット薬学では鼻疽、梅毒、脳神経麻痺、虫歯に対して効果があるとされる。

植物類

Mandragora caulescens

漢名：茄参（マンドラゴラ・カウレスケンス）

ナス科　マンドラゴラ属

多年生の植物で、高さは15～50センチで、全体は無毛である。主茎は短く枝は頑丈である。葉は互生で、草質で、上部の葉は比較的大きく密に並んでおり、楕円形或いは針形である。花は単生で或いは密生する。花萼はつりがね状で、紫色である。漿果は球形で種子は多数である。四川、雲南省、チベットに分布し、高山の日の当たる坂に生育する。薬用できる。

Pedicularis cryptantha

漢名：隠花馬先蒿（クリプタンサシオガマギク）

ゴマノハグサ科　シオガマギク属

低い植物であり、高さは12センチを超えない。茎は短縮し、複雑に枝分かれする。葉の下部には長い柄があり、表面には密に短い毛がある。花は基部に腋生し、10～20枚で、ある時は枝の端で総状の花序となる。花冠の長さは16～20センチで、硫黄色の斑点があり、管下部は直立しており、幅は1.5～2ミリで、端は強烈に拡大し前に曲がっており、盔と管は等しい長さであり、全て多少鎌状に湾曲しており、幅は2～2.5センチで、基部の1/3は前に向かってふくらんでおり、上部2/3は後ろに向かって曲がっている。額はわずかに円い突起があり、し下前方と前に向かって突出している前縁は頂端して三角形の突起となる。花期は5～6月であり、中国チベットの特有種で、チベット東部に分布する。海抜2900～3400メートルの川岸湿った場所及び陰湿な林に生育する。

219

Pedicularis densispica

漢名：密穂馬先蒿（ペディクラリス・デンシスピカ）

ゴマノハグサ科　シオガマギク属

1年生の植物で、直立しており、高さは約15〜40センチで、干しても黒色に変化しない。茎は簡素で、或いは基部の部分が多く枝分かれしおり、上部の枝は対生或いは論生で、短い毛をもち、多少木質化している。葉は茂っておらず、下部の葉は対生で、葉は楕円形である。花序は穂状で頂生し、かなり密集している。花期は4〜9月で、果期は8〜10月である。中国の特有種で、海抜1880〜4400メートルの日の当たる坂や林及び湿潤な草地で成長する。

Pedicularis kansuensis

漢名：甘粛馬先蒿（ペディクラリス・アンスエンシス）

ゴマノハグサ科　シオガマギク属

1年生或いは2年生の植物で、高さは40センチ以上に達する。茎は多く、毛も生えている。基部の葉は比較的長く、密に毛に覆われ、茎の葉は4枚で輪生である。葉は楕円形である。花序の長さは25センチに達する。花冠の長さは約15ミリで、筒は基部以上で前に向かって曲がっており、花弁は楕円形で、盔は多少鎌状に曲がっており、額は高く突起しており、波状の歯のとさか状の突起がある。蒴果は楕円形で長く鋭い。これは中国特有種で、甘粛省南西部、青海省、四川省西部とチベット東部に分布する。草坂或いは田のあぜ道に生育する。肝炎や月経不順などに効果がある。

植物類

Pedicularis longiflora var.tubiformis

漢名：管狀長花馬先蒿（ペディクラリス・ロンギフローラ）

ゴマノハグサ科　シオガマギク属

背の低い植物で、高さは7〜15センチで、全体の毛は少ない。茎は短い。葉は常に密集しており、基部の葉の柄は比較的長い。葉は針形或いは楕円形で、羽状で深く切れ込みがあり、通常5〜9対、縁には鋸歯がある。花は腋生で、花萼は筒状である。花冠は黄色で、外側には毛があり、喉部には赤茶色の斑点がある。蒴果は針形である。雲南省、四川省、青海省とチベットに分布する。花は薬用できる。

Pedicularis oliveriana

漢名：扭盔馬先蒿（ペディクラリス・オリベリアナ）

ゴマノハグサ科　シオガマギク属

多年生の植物で、乾燥すると多少黒色に変化し、高さは50センチに達し、一般的には比較的低い。茎はわずかに毛線が4本あり、表面はなめらかである。基部の葉は早くに枯れる。花序は長いもので20センチに達する。花のくちばしの長さは14〜16ミリで、暗い赤紫色で、花管は多少萼の上に伸びており、湾曲はしない。蒴果は先端がとがっている以外はまっすぐで、楕円形である。種子は楕円形でとがっており、網状の紋がきれいに並んでおり、褐色である。花期は6〜8月で、果期は7〜9月である。中国のヒマラヤ山、チベット昌都、米林南部からチベット南部（帕里、江孜）、または拉隆北山に分布する。海抜3400〜4000メートルの林の下の湿潤な場所や川岸、柳の木下、砂性の土壌に生育する。

221

Pedicularis roylei

漢名：羅氏馬先蒿（ペディクラリス・ロイレイ）

ゴマノハグサ科　シオガマギク属

多年生の植物で、高さは7〜15センチである。茎は黒色で、縦溝の中に行を成した白毛がある。基部の葉は密集し、茎の葉は通常3〜4枚の輪生である。葉は楕円形である。花序は総状で、比較的緊密である。花は2〜4の輪生である。蕾は葉状で、花萼はつりがね状で、外は白い柔毛に覆われており、前方はわずかに開裂しており、歯は5枚、後方に1枚比較的小さいもものがあり。長い柔毛に覆われている。花冠は赤紫色で、果実は楕円状の針形である。雲南省北西部、四川省南西部とチベット東部に分布しする。海抜3700〜4500メートルの高山湿地に生育する。

Scrophularia dentate

漢名：齒葉玄參（スクロフラリア・デンテート）

ゴマノハグサ科　ゴマノハグサ属

半灌木状の植物で、通常乾燥すると黒く変化し、高さ20〜40センチである。茎は円形で。無毛或いは僅かに毛に覆われている。葉の輪郭は楕円形であり、渕には浅い歯がある。頂生する細い円錐形の花序の長さは5〜20センチで、花序には1〜3輪の花が咲き、総梗と花梗には僅かに腺毛がある。花萼は無毛で、花弁は楕円形で、膜質である。花冠は赤紫色で、上唇の色は比較的濃く、花冠の筒の長さは約4mmで、球状の筒形である。下唇は上唇の半分よりわずかに長い。蒴果は楕円形で、花期は5〜10月、果期は8〜11月である。チベットに分布する。薬用することができ、解熱や解毒の効果を持つ。

植物類

Veronica anagallis-aqiatica

漢名：北水苦蕒（オオカワヂシャ）

ゴマノハグサ科　クワガタソウ属

多年生の植物で、全体は無毛であり、まれに花序軸、花梗、花萼、蒴果がまばらに腺毛に覆われている。茎は直立しており、或いは基部は斜めになっている。葉は対生で、柄はなく、上部の葉は楕円形或いは針形である。総状の花序は腋生で、葉に比べて長く、花は多い。花梗は上昇しており、花序軸に対して鋭角で、蕾と同じ長さである。花萼は浅井青紫色、淡い紫色或いは白色であり、筒部は極めて短く、花弁は楕円形である。蒴果は楕円形で、頂端はわずかに凹んでおり、長さとははばはだいだい等しく、花萼と同じ長さで、花柱の長さは約2ミリである。海抜3000メートルの水辺及び沼地に生育する。

Verbascum Thapsus

漢名：毛蕊花（ビロードモウズイカ）

ゴマノハグサ科　モウズイカ属

2年生の植物で、高さは1.5メートルに達すし、全体は密で厚い浅い灰黄色の星状毛に覆われている。基部の葉と下部の茎の葉は針状の楕円形で、基部はだんだんほそくなり柄になり、長さは15センチである、幅は6センチ、縁には円い歯があり、上部の茎の葉はだんだん縮小して楕円形になる。穂状の花序は円柱状で、長さは約30cmに達し、直径2センチで、果期には長く粗くなり、花は密集し、花梗はかなり短い。蒴果は楕円形で、淑孫する花萼と同じ長さである。花期は6～8月で、果期は7～10月である。江蘇省、雲南省、四川省、ウイグル、浙江省に分布する。全体は薬草として使用され、解熱、解毒、血のうっ血の抑制などに効果があり、また、肺炎、慢性の盲腸炎、毒傷、ねんざなどにも効果がある。

223

Veronica serpyllifolia

漢名：小婆婆納（ハイクワガタ）

ゴマノハグサ科　クワガタソウ属

多年生の植物で、根状の茎は細長い。茎の下部は横ばいの根で、上部は直立しており、通常密生しており、柔毛に覆われている。高さは 10〜25 センチである。葉は対生で、柄はほとんどない。葉は楕円形である。総状の花序は頂生し、細長く、花期に花は密集し、果期には 4 つの深い切れこみがあり、花弁は楕円形である。花冠は青色、紫色、赤紫色である。蒴果は腎形で、頂端は凹んでおり、腺毛と柔毛に覆われる。東北、北西、華中、南西部に分布し、山坂に生育し南西部では海抜 3500 m の地域にも生育する。

Veronica szechuanica subsp.sikkimensis

漢名：多毛四川婆婆納（シッキムクワガタ）

ゴマノハグサ科　クワガタソウ属

株の背は低く、高さは 5〜15 センチで、比較的密に毛に覆われている。茎は多く枝わかれし、分枝はよこばい或いは上向きに伸びている。葉は比較的小さく、基部はハート形であり、くさび形のものあり、葉の柄は比較的短く、葉の両面は毛に覆われている。雲南省（北西部）、四川省（西部と南西部）、チベット（南部）に分布する。海抜 2800〜4400 メートルの高山草及び林に生育する。

植物類

Orobanche coerulescens

漢名：列当（ハマウツボ）

ハマウツボ科　ハマウツボ属

寄生植物で、高さは35センチで、全体は白色の繊毛に覆われている。茎は直立しており、気褐色である。葉は鱗片状で、楕円状の針形で、黄褐色である。穂状の花序は長さ5〜10センチで、密に繊毛に覆われている。つぼみは楕円状の針形で、頂端は鋭く、わずかに花冠より短い。花萼は2つの切れ込みが基部にも至っており、膜質である。花冠は唇形で、淡い紫色で、下部は筒状、上唇は幅広く、長短は僅かに凹んでおり、下唇は3片で、楕円形である。蒴果は楕円形で、長さは約1センチである。種子は黒色で、数は多い。遼寧省、吉林省、黒竜江省、山東省、陝西省、四川省、甘粛省、内モンゴルに分布し、キク科ヨモギ属植物の根部に寄生する。薬用することができ、腎臓や筋肉、骨などに効果がある。

Pinguicula alpina

漢名：高山捕虫菫（ピングイクラ・アルピナ）

タヌキモ科　ムシトリスミレ属

多年生の食虫植物で小さな昆虫を主に捕食し、短い根状の茎を持つ。葉は基部から生え、柔軟で、淡い緑色、針形或いは楕円形、小さな腺毛から粘液を分泌し、小さな昆虫を捉える。1〜数本の花茎を持ち、各頂部には1輪の花が咲き、花冠は黄色、2唇形である。陝西省、雲南省、四川省、貴州省、チベットに分布し、海抜4000〜4500メートルの鉱山の岩の上に生育する。

Plantago asiatica

漢名：車前（オオバコ）

オオバコ科　オオバコ属

多年生の植物で、高さは 20～60 センチで、根はひげ根である。基部の葉は直立しており、楕円形で、頂端は円く、縁は波状或いはまばらな歯があり、両面は無毛或いは短い柔毛がある。花茎は数個あり、直立しており、短く柔らかい柔毛がある。穂状の花序は上端の 1/3～1/2 の場所を占めており、緑白色の花が咲く。萼は広い三角形で、比較的萼は短く、2 者はみな緑色の広くて竜骨状の突起がある。花萼には短い柄があり、花弁は楕円形で、黒茶色である。中国全土に分布する。路上や川辺、田のあぜに生育する。全体と種子は薬用することができ、解熱や利尿の作用がある。

Galium hoffmeisteri

漢名：六葉葎（ガラムホフミスティ）

アカネ科　ヤエグムラ属

1 年生の植物で、常に直立しており、ある時は乱れて垂れており、高さは 10～60 センチで、基部は枝分かれしている。茎は直立しており、柔らかく、まばらに短毛があるか、無毛である。葉は薄く、紙質或いは膜質で、茎の中部以上に常に 6 枚が輪生し、茎の下部には常に 4～5 枚が輪生している。葉の形は楕円形或いは針形で、長さは 1～3.2 メートルで、幅は 4～13 ミリ、頂端は円く、突起があり、基部はだんだん細くなるか或いは楔形になる。表面は粘性の伏毛が散生しており、裏面はある時は粘性の伏毛が散生している。縁はある時は刺状の毛があり、柄はないか或いは短い柄がある。花序は頂生し、上部の葉の付け根に位置し、花は少ない。萼は枚に対をなしており、針形である。花は小さく、花梗の長さは 0.5～1.5 ミリで、花冠は白色或いは黄緑色で、楕円形、雄蕊は伸出しており、花柱の頂部は 2 つに裂けている。果実は球形に近く、単生或いは双生で、密に釣毛に覆われている。果柄の長さは 1 センチである。花期は 4～8 月で果期は 5～9 月である。

植物類

Leptodermis nigricans

漢名：糙毛野丁香（クロムヨウラン）

アカネ科　シチョウゲ属

落葉する低木で、全体はなめらかで無毛である。葉は対生で、楕円形で、柄がある。総状の花序は並んで円錐状になっており、頂生する。花は青紫色である。花萼は4枚で。宿存する。花冠は漏斗状で、4枚で、雄蕊は2つある。蒴果は円錐形である。種子は翅を持つ。甘粛省、四川省、チベットに分布する。

Leptodermis pilosa

漢名：川滇野丁香（シチョウゲ）

アカネ科　シチョウゲ属

低木で、通常高さ0.7〜2メートルで、ある時は3メートルに達する。枝は円柱状で、若枝は短い繊毛或いは柔毛に覆われ、古い枝は無毛であり、片状の縦に亀裂が入った薄皮に覆われている。葉は紙質で、たまに薄革質のものがあり、掲示用と大きさは変化があり、楕円形或いは針形で、長短は鋭く、基部は楔形でとがっており、或いはだんだん細くなり、両面は稀にまばらに密な柔毛に覆われており、或いは裏面は無毛であり、通常は縁毛がある。花序は頂生すものと枝先で腋生するものがあり、通常花は3輪で、ある時は5〜7輪である。萼管の頂端は円く、縁毛に覆われている。花冠は漏斗状で、外面は短い繊毛に覆われており、内面は長い柔毛に覆われている。花期は6月で、果期は9〜10月である。この種は中国の特有種である。陝西華山と漢中、雲南省北部と昆明、チベット南東部に分布する。海抜1640〜3800メートルの山の坂或いは路肩の茂みに生育する。陝西省では海抜600メートルの場所にも生育する。

227

Lonicera myrtillus

漢名：越桔葉忍冬（ロニセラ・ミルティルス）

スイカズラ科　スイカズラ属

低木で、高さは 30 ～ 100 センチである。葉は楕円形で、長さは 7 ～ 15 ミリで、頂端は円く、基部は楔形で極端に柄は短い。隣接する 2 つの花の萼筒は近寄っており、萼歯はわずかに小さく、三角形である。花冠は白色或いはピンク色で、筒状のつりがね形であり、内側は柔毛がる。漿果はオレンジ色である。チベット、雲南省北西部、四川省南部に分布する。海抜 2700 ～ 4000 メートルのカバノキ林、水辺の茂み、川谷の石灘などに生育する。

Lonicera saccata

漢名：袋花忍冬（ロニセラ・サッカータ）

スイカズラ科　スイカズラ属

花は長いつりがね形で、花の色は淡い黄色、雄蕊は花冠からでており、これは中国の特有種である。中国の貴州省、甘粛省、雲南省、湖北省、陝西省、四川省、安徽省、青海省等に分布し、海抜 1280 ～ 4500 メートルの地区において成長する。多くは水辺の茂み、杉林、山頂のツツジ林、草地、混合林、山坂に生育する。

Lonicera webbiana

漢名：華西忍冬（ロニセラ・ウェッビアナ）

スイカズラ科　スイカズラ属

落葉する低木であり、高さは 3 ～ 4 メートルに達する。若枝は常に葉がなく、或いは赤色の腺が散生しており、老枝は深い色で円形の突起がある。葉は紙質で、楕円形或いは針形である。蕾は線形である。小蕾はとても小さく、楕円形である。花冠は紫色或いは深い赤色で、唇形、外側はまばらに短い柔毛と腺毛に覆われているか或いは無毛である。果実の先は赤色で後に黒色に変化し、円形である。種子は楕円形である。花期は 5 ～ 6 月、果実が成熟するのは 8 月中旬から 9 月である。四川省、寧夏、チベット、甘粛省、湖北省、山西省、陝西省、雲南省、江西省、青海省等に分布し、海抜 1800 ～ 4000 メートルの地区に生育し、多くは針広葉樹林や山の茂みや草坂に生育する。

植物類

Sambucus chinensis

漢名：接骨草（タイワンソクズ）

スイカズラ科　ニワトコ属

高くて大きな植物から半灌木で、高さは3メートルに達し、髄は白色である。単数は羽状の複葉で、柄はなく、或いは短く、針形で頂端はだんあん尖っており、縁には鋸歯があり、基部は円い。大型の複傘房状の花序は頂生しており、花梗は無毛或いは多少毛があり、果実の実らない花が変化した黄色カップ状の腺体がある。花は小さく、白色である。花冠は輻状である。漿果状の核果は球形で赤色である。華東、華南、南西各省に分布し、海抜300～2600メートルの林や水辺或いは茂み生育する。全体を薬用することができ、打撲などに効果がある。

Triosteum himalayanum

漢名：穿心莛子藨（ヒマラヤツキヌキソウ）

スイカズラ科　ツキヌキソウ属

多年生の植物である。茎の高さは40～60センチで、刺剛毛と腺毛が密生している。葉は5～7対で、相対の葉の基部は合わさっており、形は楕円形であり、頂端は鋭く尖っており、表面は刺剛毛があり、裏面は脈上の毛は比較的蜜で、併せて腺毛もある。穂状の花序は頂生し、多い場合は5輪で、それぞれ6輪の花が咲く。花冠は黄緑色で、喉口は紫色で、外は腺毛があり、筒の基部は袋がある。核果は球形に近く、赤色或いは白色で、腺毛と刺剛毛がある。陝西省、湖北省、四川省、に分布し、林或いは高山の草地で成長する。

Viburnum kansuense

漢名：甘粛莢蒾（カンスーガマズミ）

スイカズラ科　カズマミ属

低木で、高さは3メートルに達する。幼枝は無毛で、老枝は灰褐色である。葉の輪郭は楕円形で、3～5の深い切れ込みと3～5本の掌状の脈があり、縁には不規則な歯があり、表面はまばらに柔毛が生えており、裏面は脈状に毛が生えている。花序は複傘形で、第1級輻枝は5～7本である。萼筒の長さは約2ミリで、カップ状である。花冠はピンク色で、輻状であり、長さは4ミリで、花弁は花冠筒よりわずかに長い。核果は楕円形で、赤色である。陝西省、四川省、雲南省、チベット東部に分布し、海抜2000～3800メートルの林或いは山坂の水辺の茂みに生育する。

229

Viburnum nervosum

漢名：顯脈莢蒾（シエンマイカズマミ）

スイカズラ科　カズマミ属

落葉する低木であり、高さは5メートルに達する。葉は紙質で、楕円形である。花序と葉は同時にひらき、連動する萼筒はみな赤褐色で小腺体を持ち、第1級輻射枝には5～7本あり、花は第2から第3級の輻射枝状に生える。萼筒は筒状のつりがね形である。花冠は白色或いは赤色で、輻状で、楕円形大きさはさまざまであり、外側は比較的大きい。葯は楕円形で、紫色である。果実は先に赤色になり、後に黒色に変化し、形は楕円形である。花期は4～6月で、果熟期は9～10月である。チベット、湖南省、広西省、四川省、雲南省等に分布し、林の茂みや林、山頂の杉林に生育する。

Adoxa xizangensis

漢名：西藏五福花（チベットレンプクソウ）

レンプクソウ科　レンプクソウ属

多年生の植物である。全体は香りが強い。基部の葉は1～3枚である。小葉は楕円形である。茎の葉は2枚で、対生、楕円形である。通常3つに裂けている。花は小さく、黄緑色であり、頂部の花は5輪であり、側花6輪で、花は頂部の頭状の傘花序で集成する。花期は5～7月である。

Anaphalis nepalensis var.monocephala

漢名：単頭尼泊爾香青（アナファリス・ネパレンシスモノケファラ）

キク科　ヤマハハコ属

茎の高さは6～10センチで、比較的高く、まばらに綿毛に覆われており、蓮座状の葉と密生しており、或いは茎はない。葉は密集しており、さじ形から楕円形で、表面は蜘蛛の巣状の毛に覆われており、裏面は白色の綿毛に覆われている。頭状の花序は生で、茎の先にあり、2～3個は稀に蓮座状の葉の上に位置する。花冠は白色で、四川省、チベット、雲南省に分布する。

植物類

Aster Albescens var.PiloSus

漢名：長毛小舌紫苑（アスターアルベネセンズ）

キク科　シオン属

多年生の植物である。茎は直立しており、葉は楕円状の針形で、裏面の葉脈上あるいは全体に長い毛が生えており、表面はまばらな粘性の毛に覆われており、葉の面は平たい。蕾の外層はまばらに毛に覆われている。痩果は長い毛に密に覆われている。四川省、雲南省、チベットに分布しており、海抜500～4100メートルの低山から高山の林の茂みに生育する。

Aster asteroids

漢名：星舌紫苑（アスターアステロイド）

キク科　シオン属

多年生の植物である。茎は単生で、高さは2～15センチで、稀に30センチに達し、繊細で、紫色或いは下部は緑色で、毛と紫色の腺毛に覆われている。中部以上或いは上部は常に葉がない。基部に葉は密集しており、花期に生存し、楕円形であり、基部はだんだんせまくなり柄ななり、少数の細い歯がある。中部の葉は楕円形或いはさじ形で、頂端は鋭く或いは円く、柄はなく、上部は線形で、全ての葉の表面はまばらに或いは密に長い毛に覆われており、裏面は無毛或いは葉脈上に毛があり、縁の毛は長い。頭状の花序は茎端に単生している。舌状の花は1層で、30～60輪あり、舌片は青色で、頂端は鋭く、管状の花だいだい色である。痩果は楕円形で、白色でまばらな毛或いは絹毛に覆われている。花果期は6～8月である。チベット中部及び南部、四川省西部甘孜、青海省東部、雲南省南西北部に分布する。

Cavea tanguensis

漢名：葶菊（ヤグルマギク）

キク科　ヤグルマギク属

多年生の植物で、花茎と蓮座状の基部の葉は密生している。茎の高さは20～60センチで、褐色の腺毛に覆われている。葉はさじ形或いは針形で、縁にはまばらな浅井歯があり、両面は短い繊毛に覆われているか、無毛である。頭状の花序は茎端に単生している。蕾は4～5層で、楕円状の針形である。小花は多数ある。育たない両性の花の花冠は無毛である。冠毛は紫色で、光沢があり、10本以下である。痩果ははっきりしていない四角形で、長さは5～6ミリで、黄白色の絹状の密毛に覆われている。チベット南部と四川省西部に分布する。高山の岩場及び乾燥し砂地に生育する。薬用することができ、頭痛に効果がある。

231

Cirsium eriophoroides

漢名：貢山薊（アザミ）

キク科　アザミ属

多年生の高くて大きい植物で、高さは1〜3.5メートルである。茎の基部は直径1.5センチで、まれにまばらな多細胞の長節毛及び蜘蛛の巣状の毛に覆われており、上部は枝分かれしている。中下部の茎葉は楕円形で、羽状の浅い亀裂があり、縁は大きな刺歯状になっており、長い或いは短い柄があり、側の葉は楕円形で、通常い2〜5本の刺歯があり、或いは2〜5本の針刺があり、それぞれ長さは5〜15ミリである。頭状の花序は下に垂れているか或いは直立しており、茎枝の頂端に並び、傘房状の花序を形成する。蕾は球形で、綿毛に覆われており、直径は5センチ、基部には蕾があり、蕾の葉は線形或いは針形で、縁には長い針刺がある。蕾の形状は6層に近く、瓦状に並んでおり、中外層は針状の桐形或いは三角状の桐形である。花冠は白色或いは褐色で、基部は連合してカップ状になっている。冠毛は長く、羽毛状で、頂端に向かってだんだん細くなっている。

Doronicum thibetanum

漢名：西藏多梛菊（チベットドロニクム）

キク科　ドロニクム属

多年生の植物で、根と茎は頑丈である。茎は単生で、直立しており、高さ（6〜）10〜75センチ、緑色或いはある時は赤紫色を帯びており、枝分かれはせず、比較的密に長い柔毛に覆われており、まれに短い腺毛も生えている。頭状の花序は茎の端で単生し、大型である。舌状の花は黄色く、花弁は楕円状の三角形である。瘦果は円柱形で、全ての瘦果には冠毛がある。冠毛は黄褐色で、長さは5〜5.5ミリで、多数あり、粘性である。花期は7〜9月である。

Galinsoga parviflora

漢名：牛膝菊（ガリンソガ・パルヴィフロラ）

キク科　コゴメギク属

1年生の直立する植物で、高さは50センチ余りである。茎は枝分かれし、だいたい毛に覆われている。葉は対生で、楕円形或いは針形である。頭状の花序は小さい。花は異形で、すべてに実が実る。舌状の花は4〜5輪で、白色、1層構造で、雌性である。筒状の花は黄色で両性である。花托には突起があり、針形の托片がある。瘦果は頂端に睫毛状の鱗片がある。雲南省、貴州省、四川省、チベット、浙江省、江西省に分布する。田のあぜや路肩、庭園の明里或いは荒地に生育する。薬草として使用することができ、止血、炎症を抑える効果があり、花水を煎じて服用すると、内臓をきれいにする効果がある。

植物類

Gnaphalium hypoleucum

漢名：秋鼠曲草（アキノハハコグサ）

キク科　ハハコグサ属

1年生の植物で、高さは30～60センチである。茎は直立しており、叉状に枝分かれしており、茎と枝には白色の綿毛と腺毛がある。下部の葉は花期に枯れ、中部の茎の葉は比較的密集しており、針形で、基部の耳状の抱茎は表は緑色で、短毛が生えており、裏面は密に白色の綿毛に覆われており、上部の葉はだんだん小さくなっている。頭状の花序は多数あり、茎端と枝端で密集して傘房状になっており、白色の綿毛が密生している。総蕾片は5層で、乾いた膜質で、黄金色で、頂端は円く、外層の総蕾は比較的短く、いろいろの綿毛があり、また内層は無毛である。花は黄色で、周囲の雌花は糸状になっており、花柱より短く、中央の両性の花は筒状である。痩果は楕円形である。冠毛は白色である。華東、華南、南西の各省と甘粛省、陝西省、河南省、台湾に分布している。山の草坂、林、路肩などに生育している。草は薬用でき、咳止め、痰止め、肺結核を治すことができる。

Leontopodium jacotianum

漢名：雅谷火絨草（レオントポディウム・ヤコティアヌム）

キク科　ウスユキソウ属

多年生の植物である。根状の茎は細く枝分かれし、長さは10センチに達し、長さは10センチであり、散生する葉をもち、のちに葉はなくなり、頂生する葉と側生の蓮座状の葉を持つ。花茎の高さは3～13センチで、直立しており、細く、白色の綿毛に覆われ、基部はわずかに木質で、無毛に近く、宿存し、比較的蓮座状の葉はわずかに大きい。葉はひらいており、線形或いは針形である。蕾葉は多数で。茎部の葉は比較的大きく、両者は同じ形で、先端は鋭く、表面は裏面と比較してより密な白色の綿毛に覆われ、花序の長さは約2倍である。小花は異形で、その中の1性の花はある時は1輪、或いは雌雄異株であり、花冠の長さは3～3.5ミリである。雄花の花冠の上部は漏斗形で、比較的大きな花弁がある。雌花の花冠は多少線状である。冠毛は白色で、基部或いは全体は僅かに黄色い。雄花の冠毛はわずかに厚く、棒状である。雌花の冠毛は糸状で、わずかに厚い。育たない枝の子房及痩果は無毛或いは乳頭状の突起がある。或いは痩果には短く粗い毛がある。

233

Leontopodium ochroleucum

漢名：黄白火絨草（レオントポディウム・オクロレウクム）

キク科　ウスユキソウ属

多年生の植物で、根状の茎は細く短く、或いは長さ10センチで、横に伸びるか多少直立の分枝もあり、密集した枯れた葉の鞘に覆われており、多数の蓮座状の葉と花茎が密集して高さ15センチに達する群となり、或いはある時は花茎は単生であり、または蓮座状の葉と密集している。頭状の花序で、冠毛は白色で、基部は黄色或いはわずかに褐色で、比較的花冠は長い。痩果は無毛或いは乳頭状の突起があるか、または短毛がある。花期は7〜8月で、果期は8〜9月である。海抜2300〜4500メートルの高山と亜高山の湿潤或いは乾燥した草地、砂地、岩場、或いは雪線付近の岩石の上に生育する。ウイグル、チベット高原及びロシアなどに広く分布する。全体を薬用することができ、発熱、咽喉の炎症、腎炎などを治すことができる。

Arisaema flavum

漢名：黄苞南星（アリサエマ・フラブム）

サトイモ科　テンナンショウ属

茎は休憩で、直径は3センチに達し、花序は葉が開いた後になり、假茎の高さは10〜30センチである。葉は2枚で、小葉は7〜11枚、鳥の足状の配列で、楕円形或いは針形である。葉の柄は5〜15センチである。雌雄同株である。総花梗の長さは葉柄よりあがく、蕾の外面は緑色或いは黄色で、内側は紫色で、下部は球形で、上部な上に向かって湾曲しており、頂部はだんだん鋭くなる。肉穂花序は全長1〜15センチで、下部には雌花があり、上部には雄花が生えてる。果序は球形に近く、緑色である。チベット、雲南省、四川省に分布し、林、草地、川辺の岩場、田畑に生育する。茎は薬用することができる。

Juncus amplifolius

漢名：走茎燈心草（ジュンカス・アンプリフォリウス）

イグサ科　イグサ属

根状の茎を持ち、横ばいである。茎は高く、20〜40センチで、直径は1〜2ミリ、縦の紋がある。花序は2〜3個の子頭状の花序で、それぞれの花序には3〜10輪の花がある。蒴果は卵状で、褐色で、花柱は宿存する。種子は楕円形で、両端は尾状である。陝西省、雲南省に分布する。海抜2700〜4100メートルの湿原或いは林に生育する。

植物類

Juncus modicus

漢名：多花燈心草（ジュンカス・モダカス）
イグサ科　イグサ属

多年生の植物で、高さは4～15センチである。茎は密生しており、直立しており、繊細で、緑色である。茎は基部と茎に生える。茎の葉は常に2枚で、線形である。茎に生える葉は短い。頭状の花序は茎の先に単生し、4～8輪の花が咲き、蕾は2～3枚で、花序とほとんど同じ長さで、淡い黄色から乳白色である。花は線状の針形で、内・外輪同じ長さで、乳白色或いは淡い黄色である。雄蕊は6枚で、花弁から出ている。葯は淡い黄色である。雌蕊は長さ0.8～1.5センチの花柱を持つ。花期は6～8月で、果期は9月である。北西、南西に分布し、海抜1700～2900（3400）メートルの山谷、山さ坂の陰湿の岩場の中と湿地に生育する。

Juncus bufonius

漢名：小燈心草（ヒメコウガイゼキショウ）
イグサ科　イグサ属

1年生の植物で、密生する。は直立で斜めに生え、基部は常に赤褐色で、高さは5～20（～30）センチである。葉は基部と茎から生えており、葉は多少線形状である。花序傘状で、それぞれの枝の頂部と茎の側面には2～4輪である。蕾は葉状で、比較的花序は短い。花の長さは4～6ミリで、淡い緑色である。先に出る葉は楕円形で膜質、花弁は6枚である。蒴果は三角状の楕円形、比較的外輪の花は短い。種子は楕円形で、長さは0.4ミリである。中国長江以北の省及び四川省、雲南省に分布する。海抜160～3200メートルの山の草地、湿地、砂灘、水辺の湿地に生育する。全体を薬用することができ、解熱、小便通、水膨れ、血尿などに効果がある。

Juncus sikkimensis

漢名：錫金燈心草（ジュンカス・シッキム）
イグサ科　イグサ属

根状の茎はよこばいである。茎の高さは15～25センチである。低い位置に生える葉の茎は赤褐色で、長短は小さな突起がある。茎に生える葉には耳状の突起があり、葉は円柱形で、わずかに偏っており、頂端は鈍く尖っており、長さは5～9センチである。花序は1～3との頭状花序であり、それぞれの花序には2～5輪の花がある。蕾は1～2枚で、黒褐色で、長さは1～3センチである。蕾は楕円形で、花より短い。蒴果はわずかに花弁より短く、楕円状で、褐色である。種子は両端に白色の付属物がある。四川省、雲南省、チベットに分布し、海抜3400～4000メートルの林や草地に生育する。

235

Luzula oligantha

漢名：華北地楊梅（タカネスズメノヒエ）

イグサ科　スズメノヤリ属

多年生の植物である。茎の高さは 15 〜 30 センチである。葉は基部に生えているものが多く、茎から生えるものは 3 〜 5 枚で、無毛に近く、線形である。多くの花は小頭状の花序を形成し、3 〜 5 個の小頭状の花序は緊縮した傘状の花序を再形成する。蕾は細い。先に生える葉は三角状の楕円形で、頂端は尾のような突起がある。花弁は 6 枚で、針形で暗い褐色である。果実と花は等しい長さである。種子は楕円形で、種子は短く、淡い黄色である。華北、華東、チベット、陝西省に分布し、山坂の草地に生育する。

Aletris pauciflora

漢名：少花粉条儿菜（アレトリス・パウシフローラ）

キンコウカ科　ソクシンラン属

多年生の植物で、全体は比較的頑丈で、花葶の高さは 8 〜 20 センチで、直径 1.5 〜 2 ミリで、柔毛は密生しており、中下部には数枚の蕾は葉状である。基部の葉は密生しており、針形或いは線形であり、ある時は下に湾曲しており、頂端はだんだん尖っており、無毛である。総状の花序の長さは 2.5 〜 8 センチで、稀にまばらな花がある。蕾は 2 枚で、線形或いは線状の針形で花梗の上端に位置し、その中の 1 枚位は他の花の 1 〜 2 倍の長さである。花は、つりがね状に近く、暗く赤色で、淡い黄色或いは白色である。蒴果は円錐形で、無毛である。四川省、チベット、雲南省に分布し、海抜 3500 〜 4000 メートルの山坂の草地に生育する。

Aletris pauciflora var.khasiana

漢名：穂花粉条儿菜（アレトリス・パウシフローラカーシアナ）

キンコウカ科　ソクシンラン属

この種の変化形とこの種の区別は花序に比較的密な花があるかどうかである。蕾は花とほとんど同じ長さである。多年生の植物で、全体は比較的頑丈で、枝分かれはしない。茎は短く、葉は密生し、針形である。総状の花序で、比較的密の花がある。蕾は 2 枚で、線形或いは線状の針形で、花梗の上端に位置し、花はほどんど同じ長さである。花つりがね状である。蒴果は円錐形である。花期は 6 〜 7 月で、果期は 9 月である。雲南省、四川省、チベットに分布し、海抜 2300 〜 4875 メートルの竹藪の中や、沼地や岩石の上或いは林に生育する。

植物類

Ligularia lamaram

漢名：沼生槖吾（リグラリア・ラマラム）

キク科　メタカラコウ属

多年生の植物である。根は肉質で多数ある。茎は直立しており、高さは37〜52センチである。密生する葉と茎の基部に生える葉には柄があり、なめらかであり、三角状のハート形或いは矢状、葉脈は掌状である。総状の花序の長さは10〜16センチで、穂状に密集しているか、或いはまばらに離れている。舌状の花は5〜8で、黄色、楕円形である。痩果は円柱形で、なめらかである。花期は7〜8月である。チベット南東部、雲南省北西部、四川省西部、甘粛省南西部に分布する。海抜3300〜4360メートルの沼地、湿潤な草地、水辺の茂みや林に生育する。

Senecio raphanifolius

漢名：萊菔葉千裏光（セネシオ・ラプハフオリウス）

キク科　セネシオ属

多年生の植物である。茎は単生或いはある時は2〜3本で、直立しており、高さは60〜150センチで、枝分かれはせず、或いは花序の枝を持ち、まばらな蜘蛛の巣状の毛に覆われており、或いは後に無毛になる。基部から生える葉は花期のある時は生存するが、通常は枯れるか、脱落する。頭状の花序には舌状の花があり、多数あり、並んでおり頂部で傘房状の花序或いは複傘房の花序を形成する。花冠は黄色でひさし部は漏斗状である。花弁は楕円状の針形で、とがっており、上端には乳頭状の毛がある。痩果は円柱形で、長さは3㎜d、無毛である。花期は7〜9月である。チベット南東部に分布し、海抜2700〜4400メートルの山地の林や湿地、草坂及び川岸に生育する。

Saussurea obvallata

漢名：苞葉雪蓮（サウスレア・オブバラタ）

キク科　トウヒレン属

多年生の植物で、高さは16〜60センチである。根状の茎は粗く、頚部は密で褐色の繊維状亀裂が入った跡がある。茎は直立しており、短い柔毛或いは無毛がある。葉は楕円形で、頂端は円く、基部は楔形、淵には歯があり、両面には腺毛がある。茎に生える葉と基部に生える葉は同形で、大きいが、上部にいくに連れてだんだん小さくなり、柄はない。最上部の茎の葉は膜質で、黄色で楕円形で、幅は7センチで、頂端は円く、縁には細い歯があり、両面は短い柔毛と腺毛に覆われている。頭状の花序は6〜15個で、茎の端は密集して球形の花序を形成し、小花梗はあるものとないものがある。蕾は半球形である。蕾は4層で、外層は楕円形で、中層は楕円形、内層は線形である。全ての蕾は長短が鋭く、縁は黒紫色で、外面は短い柔毛と腺毛に覆われている。小花は青紫色である。痩果楕円形である。冠毛は2層あり、淡い褐色で、外層は短い。花果期は7〜9月である。甘粛省、青海省、四川省西部、雲南省北西部、チベット南東部に分布し、海抜3200〜4700メートルの高山の草地や山坂の石の多い場所、川辺の石の隙間、流石灘生育する。

Senecio vulgaris

漢名：欧洲千里光（ノボロギク）

キク科　セネシオ属

1年生の植物で、茎は直立しており、高さは20〜40センチ、枝分かれは多く、わずかに柔毛に覆われている或いは無毛である。葉は互生で、基部の葉は楕円状のさじ形で、縁には浅い歯がある。茎から生える葉は楕円形で、羽状の浅い裂け目お及び深い切れ目があり、縁には浅い歯があり、頂端は円く、基部は拡大し、ほとんど無毛で、上部の葉の縁には歯があり、線状である。頭状の花序は多数あり、茎と枝の端は並び、傘房状になる。花梗は細長く、基部には諸閏の線形の蕾葉がある。花は筒状で、多数あり、黄色である。痩果は円柱状である。花果期は4〜10月である。海抜300〜2300メートルの山坂、草地、及び路肩に生育する。種子は繁殖能力が強く、容易に拡散する。原産はヨーロッパで現在は比較的広い地域に分布しており、中国においては、北部や北東部及び東部に等しく分布する。20世紀後半には1種の雑草とされ、中国では主要な夏季に収穫する作物（麦類と油菜）、果物、茶園などを害する植物とされている。

Sonchus oleraceus

漢名：苦苣菜（ノゲシ）

キク科　ノゲシ属

1年生の植物で、高さは30〜100センチである。根は紡錘状である。茎は枝分かれしない或いは上部は枝分かれし、無毛或いは上部には腺毛がある。頭状の花序は茎の端に並び傘房状である。蕾はつりがね状で、暗い緑色である。蕾は2〜3列になっている。舌状の花は黄色で、両性で、実が実る。痩果は楕円形で、明るい褐色で、褐色或いは肉色、縁にはわずかに歯があり、両面には各々3本の高く盛り上がった線がある。冠毛は白色である。中国各地に広く分布しており、世界に多く分布している。路肩の野原に生育しており、非常によく見ることができる。

Potamogeton pusillus

漢名：小眼子菜（イトモ）

ヒルムシロ科　ヒルムシロ属

多年生の潜水植物である。茎の長さは70センチ、繊細で円形に近く、稀にまばらな枝分かれをしている。葉は柄がなく、互生で、花梗の下の葉は対生で、細い形である。托葉は膜質で、葉と基部は連合しておらず、早くに落葉する。穂状の花序は枝先で頂生し、密生し、数は多い。小堅果はは斜めの楕円形で、なめらかで、小さな隆起がある。5〜7月に開花する。中国の南北各地に分布し、沼地及び水田の中に多く生育する。薬用することができ、夏と秋に採取することができる。

植物類

Carex kansuensis

漢名：甘粛藨草（カレックス・ガンス）

カヤツリグサ科　スゲ属

多年生の植物である。高さは60～80センチで、基部には赤紫色の古い葉の鞘がある。小穂は4～6個で、接近しており、頂部には1つの雌雄がならんでおり、その他は雌性であり、雌性の小穂においては基部はある時は少数の雄花を持ち、楕円状の円柱形である。穂梗の下部の1枚の長さは約2センチで、下に垂れており、袋果は楕円形に近く、麦わらはある時は上部に黄褐色或いは赤紫色の斑点があり、はっきりした葉脈はなく、頂端は縮小し短い嘴となり、嘴口には2つの歯がある。小堅果は楕円形である。甘粛省、青海省、陝西省、四川省、雲南省、チベットに分布し、高山の草地に生育する。

Carex obscura var.brachycarpa

漢名：刺嚢藨草（カレックス・オブスキュラ）

カヤツリグサ科　スゲ属

根状の茎は短く、斜めに伸びている。高さは15～80センチで、下部は滑らかで、上部は粗く粘性、葉は短く幅は2～5ミリ、平たく張っており、縁は粗く粘性、長短は長くだんだん尖っている。小穂は3～6個あり、楕円形で、長さは1～1.5センチ。側生する小穂は雌性で楕円形である。小穂の柄は短く、或いは無柄に近い。雌は何鱗片は楕円形で、頂端はわずかに尖っており、或いは円く、暗い赤紫色である。袋果は鱗片より長く、楕円形で、淡い緑色であり、明確な脈はなく、上部の縁には小さい刺があり、頂端は縮小し短い嘴となり、嘴口は僅かに凹んでいる。小堅果は楕円形で、栗色、長さは1.5～2mmである。花柱は短く、柱頭は3個である。花果期は7～8月である。

Arisaema elephas

漢名：象南星（ゾウナンショウ）

サトイモ科　テンナンショウ属

多年生の植物である。根は球形に近い。葉は3つに分かれている。花の基部は黄緑色で、管部には白い条紋があり、上に向かうほどこの紋は消えていく。上部は深い紫色である。花期は5～6月である。これはヤルツァンポ大峡谷の密林の深い処に見られる野生植物である。チベット南部から南東部、雲南省、四川省、貴州省に分布し、海抜1800～4000メートルの林や水辺の草地に生育する。

239

Arisaema erubescens

漢名：壹把傘南星（アリサエマ・エルベッセンス）

サトイモ科　テンナンショウ属

茎は球形、直径は6センチで、表皮は黄色で、ある時は淡い赤紫色である。鱗片は緑がかった白色で、ピンク色、紫褐色の斑点がある。葉は1枚で、極稀に2枚で、柄の長さは40～80センチで、中部以下に鞘があり、鞘は緑色で、ある時は褐色の斑点がある。花序の柄は葉の柄と比べて短く、直立しており、果期には下に湾曲しる時もある。肉穂の花序は単性である。花序の柄は下に湾曲するか或いは直立しており、漿果は赤色で、種子は1～2つで球形、淡い褐色である。花期は5～7月、果実は9月に成熟する。茎は薬用することができ、痰止めや消毒の効果がある。しかし、株全体は有毒であり、触れるとアレルギーを引き起こすこともある。この種は野外の観葉植物である。中国の東北3省、内モンゴル、ウイグル、江蘇省、山東省を除いた地域の各省に分布しており、海抜3200メートル以下の林や水辺の茂み、草坂、荒れ地に生育する。

Allium przewalskianum

漢名：青甘韭（アリウム・プルゼワルスキアヌム）

ヒガンバナ科　ネギ属

根状の茎を持つ。茎は円錐状で、密生する。茎の外皮は赤色で、稀に褐色のものもあり、網状の繊維質がある。花葶は円柱形で、高さは10～30センチである。葉は基部に生えており、4～5の菱柱形を持ち、細かい歯がある。蕾は片側が開裂しており、花序と長さは等しく、宿存する。傘形の花序は半球形から球形で、花は多い。花は淡い赤色から赤紫色である。陝西省、甘粛省、青海省、四川省、チベット、雲南省北西部に分布する。海抜2000～4600メートルの乾いた山坂、水辺の茂み、石場に生育する。

Fritillaria cirrhosa

漢名：川貝母（センバイモ）

ユリ科　バイモ属

多年生の植物で、植株の長さは15～50センチである。鱗茎は1～1.5センチで、茎の高さは20～45センチ、中部以上に葉がある。花は通常単生で、少なくとも2～3輪、つりがね状で、紫色或いは黄緑色であり、通常チェック柄があり、少数の株には斑点或いは条紋がある。それぞれの株には3枚の葉状の蕾があり、蕾は細長い。花期は5～7月、果期は8～10月である。この種の底部は粗く大きな鱗片がある。この種は肺を潤し、咳止めの有名な薬材で、その歴史は長い。林芝地区でこの種は中華料理のスープの原料の1つである。四川省、チベット、雲南省分布する。海抜3500～4500メートルの温帯高山、高原地帯の針広葉混合樹林、針葉樹林、高山の水辺の茂みに生育する。土壌は山地の褐色の土壌、暗褐色と高山湿地など土壌を主とする。

植物類

Lilium namum

漢名：小百合（リリウム・ナヌム）

ユリ科　ユリ属

多年生の植物で、鱗茎は小さく、楕円形で、高さは3センチで、白色である。茎は細く小さく、高さは6.5〜25センチで、無毛である。葉は散生で条形、6〜11枚である。花は1輪で、6月に開花し、花はつりがね形、下に垂れ下がっている。花弁は淡い紫色或いは赤紫色で、内側には深い紫色の斑点をもつ。外輪の花は楕円形である。蒴果は楕円形で、縁は紫色を帯びている。海抜3500〜4500メートルの山坂の草地や、低木の林に生育する。チベット、雲南省、四川省に分布する。

Notholirion bulbuliferum

漢名：假百合（ノトリリオン・ブルブリフェルム）

ユリ科　ノトリリオン属

多年生の植物で、小鱗茎は多数あり、楕円形で、淡い褐色である。茎の高さは60〜150センチ、無毛に近い。基部の葉は数枚で、緑色で、葉脈は紫色である。茎に生える葉は針形である。総状の花序には10〜24輪ある。花は淡い紫色或いは青紫色である。蒴果は楕円形である。この種はこの赤色の網状の鱗茎外皮を以て識別される。花期は7月で、果期は8月である。雲南省（北西部）、チベット、四川省、陝西省、寧夏、甘粛省、青海省、ウイグルに分布する。海抜2000〜4800メートルの乾いた山坂や石場、低木に茂みに生育する。これはヤルツァンボ大峡谷及び周辺の魯朗、色季拉山、巴松錯等の地区でよく見られる鑑花植物である。

Polygonatum cirrhifolium

漢名：卷叶黄精（ポリゴナツム・ナルコユリ）

カクシ科　ナルコユリ属

根状の茎は厚く円柱状或いは連珠状で、直径1～2センチである。茎の高さは30～90センチである。葉の大部分は3～6枚の輪生で、針形で、頂端は湾曲しているかぎ状である。花序は腋生で、通常2輪の花が咲き、下に垂れている。花は淡い紫色で、連合して筒状になっている。漿果の直系は8～9ミリで、熟成時赤色或いは赤紫色である。青海チベット地区、南西地区、寧夏、陝西省に分布する。海抜2000～4000メートルの林や山坂或いは草地に生育する。

Ophiopogon bodinieri

漢名：沿階草（ジャノヒゲ）

ユリ科　ジャノヒゲ属

多年生の植物である。地価の茎は横ばいで長く、直径は1～2ミリ、節上には膜質の鞘がある。茎はとても短い。葉は基部に密生しており、稲葉状で、下に垂れており、常緑である。花茎の葉鞘は比較的短い。花序は総状で、花期は5～8月で、花は白色或いは淡い紫色で、20～50輪の花があり、常に2～4輪が蕾の脇に密生しており、花序は6枚で、分離しており、2輪は並んでいる。種子は球形で、成熟時の漿果は黒がかった青色で、果期は8～10月である。南西部、北西、華東に分布し、海抜600～3400メートルの山坂や山谷の湿った場所、水辺、低木の林に生育する。根は薬用することができる。

植物類

Polygonatum verticillatum

漢名：輪葉黄精（ポリゴナツム・バーティシラタム）

ユリ科　ナルコユリ属

多年生の植物である。茎は高く（20）40〜80センチである。葉の大部分は3葉の輪生、或いは対生或いは互生で、楕円形或いは針形、長短はとがっており、だんだん尖っていく。花序は腋生で、1〜2輪の花があり、下に垂れている。花は淡い黄色或いは淡い紫色で、合生して筒状になっており、裂片は6枚である。漿果は塾政時は赤色である。チベット、雲南省、陝西省、山西省に分布し、林或いは山の草地に生育する。

Smilacina henryi

漢名：管花鹿薬（スミラキナ・ヘンリー）

ユリ科　ユキザサ属

植え株の高さは50〜80センチで、根状の茎は粗く1〜2センチである。茎の中部以上は長く或いは短い硬毛に覆われており、無毛のものもある。葉は対生で、楕円形である。花は淡い黄色或いは紫褐色で、単生、多少片側に偏っており、通常総状の花序であり、ある時は基部で枝分かれし、円錐の花序を形成する。漿果は球形で、赤色で、種子は2〜4粒である。山西省、河南省、陝西省、四川省、雲南省、湖北省、湖南省、チベットに分布し、海抜1300〜4000メートルの林や水辺の湿地に生育する。

243

Smilacina purpurea

漢名：紫花鹿藥（スミラキナ・プルプレア）

ユリ科　ユキザサ属

植え株の高さは 25 〜 60 センチである。茎の上部は短い柔毛に覆われており、葉は 5 〜 9 枚である。葉は互生で、紙質、楕円形である。通常は総状の花序であり、極稀に基部には 1 〜 2 個の側枝があり、円錐の花序を形成し、花序の軸の長さは 1.5 〜 7 センチで、短い柔毛に覆われている。花は単生で、紫色である。漿果は球形に近く、赤色である。チベットと雲南省北西部に分布しており、海抜 3200 〜 4000 メートルの水辺の茂みや林に生育する。

Streptopus simplex

漢名：腋花扭柄花（タケシマラン）

ユリ科　タケシマラン属

多年生の植物である。葉は互生で、7 〜 9 枚で、針形で、長さは 2.5 〜 8 センチ、幅は 1.5 〜 3 センチ、頂端はだんだん尖っており、上部の葉にはある時は鎌状で、葉の裏は灰白色、基部は円形或いはハート形で、柄は無い。花は大きく、葉の付け根に単生しており、直径は 8.5 〜 12 ミリである。

花梗は長さ 2.5 〜 4.5 メートルで、膝状の関節は持たない。花は 6 枚で離生しており、楕円形で、長さは 8.5 〜 10 ミリ、幅は 3 〜 4 ミリ、ピンク色或いは白色で、紫色の斑点がある。雄蕊は 6 枚で、長さは 3 〜 3.5 ミリで、葯は花糸に比べて長く、花糸は基部に向かうにつれて太くなる。花柱は細長く、長さは 5 〜 6 ミリで、子房は球形に近く、柱頭は 3 つに裂けており、裂生は外に巻いている。漿果を持つ。雲南省北西部、チベットに分布し、海抜 2700 〜 4000 メートルの竹藪や水辺の茂み、高山の草地に生育する。

第四章　観測手記

追跡の楽しさ

■ 賈　世海

　野外撮影の楽しみを語るなら、重ねて捜索と追跡活動の過程を語らねばなるまい。私たちの考察の場所は人が滅多に通らない場所、ヤルツァンボ大峡谷地域であるが、歴史上の狩猟の習慣によって、野生動物の活動範囲はまた縮小されたため、さらに多くの種類の動植物を撮影するためには、さらに深く高い場所の人のいない地域に足を踏み入れないと、大型動物を見ることはできないだろう。

　7月の多雄拉では、絶え間ない強い雨と濃い霧が立ち込めている。私たちの野営地は多雄拉峠を下に3キロメートル下った場所のツツジの咲き誇る丘であった。3本の激流の滝は頭上で轟いており、それは我々をとても緊張させる音であった。下の方向を見てみると、遠くには拉格が見え、延々と連なる山路は当時雲霧の中であった。足元は高さ100メートル超えの断崖絶壁である。雨水と霧によって撮影は難航し、毎朝起床してまず始めにすることは、空を見て天気が晴れているかを確認することであった。しかし7～9月の多雄拉は一種の手の届かない望みであり続けた。撮影はほとんど大雨の中行われ、毎回協力隊員の扎西と達瓦は食料と三脚を背負って前方を歩いてくれた。彼らはこの地域の有名な狩人で、かつて植物や虫の採集をしているとき、野営地の上方に私たちがどうしても記録したかった「大鳥」（おそらくこの鳥はチベット語で「夾謹」という1種の鳥である）を見たことがあると言っていた。それは私たちが探し求める尾が虹色のキジ、或いは茶色の尾の虹色のキジであった。

　毎日撮影時間は5～6時間で、1人平均10キログラム程度の撮影機材を背負い、またそれは高海抜の負担のある中であった。数十歩歩けば喉が渇き、一息つくという過酷さで、もしそうしなければきっと強烈な体調の悪さを訴える人もいたに違いない。扎西と達瓦は歩くのが速く、常に私たちのはるか先を歩き、先に目的の鳥、チベット語で「夾謹」を探してくれた。幾つもの岩石を裏返し、幾つもの河を渡り、幾つもの氷舌を超えた。多雄拉丘一帯の植物は非常に私たちをとても驚かせた。この地には各種サクラソウ、各種ツツジ、マンネンタケ、ヒマラヤユキノシタ、等の種があり、またたくさんのアブラナ植物も生育

していた。撮影中は、この美しい高山植物が私たちを癒してくれた。雨水によってレンズの湿気はひどくなり、雨具を使ったり、プラスチック製の鞄の中に入れていたとしても、やむことを知らない雨によってレンズを濡らし続け、しきりに拭き続けるしかなかった。

　同じような雨が降っていたある日、私はサクラソウを様々に姿勢を変化させながら撮影していた。たまたま頭を上げると、遠くにいる彭先生が腰をたたみ早い速度で上方に移動していた。すぐに何が起きたかを悟った。これはきっと良いものを見つけたのであろう、と。心の中でひそかに喜ぶ先生は一気に山頂の方に登っていった。走ること数十歩、突然歩みを止めた。辺りを見回し、約20メートル離れた山頂の陰にゆっくりそぞろ歩きをし、辺りを見回すとキジ類の鳥が出現したのである。ユキシャコである。彭先生は右に首を傾け、董先生は其の後につき、私は足音を忍ばせて董先生に近づいて行った。董先生は私に向かって手で指示し、私は急いで岩石の陰にしゃがみ、カメラの焦点距離を400にし、一気に撮影を始めた。その中の1匹が山頂の崖に向かって移動をし始め、他のものも追従していると、その群れは一気に移動をはじめた。私たちはすぐに立ち上がり追いかけながら撮影し、いつの間にか昼の時間を消耗していた。最後に私と董先生は3匹のキジを追って一気に崖下までおりた。すると突然3匹のキジが崖の上まで飛んで逃げていってしまい、私たちは影に入り一息つくしかなかった。

　毎回撮影が終了して野営地に戻るのは午後5時を回っており、毎日体中ずぶ濡れになっており、鳥肌がたっていた。その次の数日はこのキジを見ることができなかった。しかし、今回の収穫は頗る豊富で、キジしか撮影できなかったが、国家Ⅰ級保護鳥類・四川キジと国家Ⅱ級保護動物を撮影することができた。また、雪解け水で構成される水域ではカワガラスやヒタキ科の鳥を撮影することができ、野営地付近ではチメドリを撮影でき、野営地への帰路では董先生が偶然1匹のモリジキジを撮影した。

　7～8月の多雄拉の雨のひどさは、移動を許さず、大雨と雪解け水は山を速く流れ、泥や石を流すことも発生するため、私たちは危険を冒すことできず、5日待ってやっと帰路に就くということもあった。野外撮影は汗水や苦労と同時に、喜びと危険も存在する。

第4章　観測手記

生物の観察と撮影

■ 徐　健

　ヤルツァンボ大峡谷及びその周辺において、私たちが最も容易に接触できるものは各種の植物である。野外の観賞植物に対して、私たちはよく植物の形態と成長時期から区分する。例えば観花型、観葉型、観果型という区分である。ヤルツァンボ大峡谷及びその周辺において、植物の花期は4月が最も早いもので、桃の花が開花し始め、5〜6月はツツジ、サクラソウ、ヨモギなど、7月に入ると階下の全盛期であり、この時は観賞植物の最も良い季節である。8月は果実が成熟し始める季節で、9月にはリンドウが開花する。またこの時期になると高原植物の花期はだんだん終わる。海抜の異なる場所には異なる植物が分布している。一般的に言うと、2500〜3500メートルが最も観賞に適した高さである。花卉植物の撮影は難しいことではなく、現在は普通のカメラにも「ズーム」の機能が付いていて、一般旅行者からすればこの機能があれば植物や花卉撮影するのに十分であると言える。要求のさらに高い観察者がもし一眼レフカメラを使うなら、至近レンズは必ず植物の最高の状態を記録する良いパートナーとなる。使用頻度の比較的高い100ミリ至近距離レンズなら、細かい部分の撮影まで可能で、もちろんもし花卉の全体を撮影したいのなら、広角カメラもまた重要である。

　野生の鳥類の種類は山の美しさと海抜の変化に応じて変化し、異なる海抜と生育環境では違う種類が観察できる。鳥類の観察で最も重要なものは望遠レンズである。動物は往々にして隠れていることが多く、また保護色もある。そのため適切な生育環境を判断し、観察者は望遠レンズを使用し注意して捜索するべきであり、またあと少しの運が重なることによって、興奮を伴う発見をすることができる。もしカメラを携帯しているのであれば、その発見を記録することができ、またカメラのレンズの焦点が300ミリ以上に達するものであるならば鳥類の面影を撮影することができる。鳥類の鳴き声は私たちにとって重要な信号であるが、密林においては鳥の位置を定めることは簡単なことではない。録音機は私たちが動物の声を記録するのに大いに役立ち、後に対比することによって動物の種を識別することができる。「中国鳥類野外ハンドブック」は重要な本であり、良い図案は観察者が動物の種を識別するのに役立ち、さらに多くの経験を積むことができる。観察者はまたペンとノートを携帯するべきである。資料を記録するように努め、観察したい印象と重要事項を伝えるべきである。なぜなら時間とともに記憶は忘れ去られていくからである。望遠レンズと長距離カメラは同様に獣類の観察にも必要な道具である。野生の獣類はもしかしたら見つけるのがとても難しいかもしれない。そのため捜索と動物の痕跡の記録は非常に重要である。糞尿や爪痕、毛髪等の残留物は全て動物がこの場所にいたという証拠になる。またある一定の哺乳動物は夜行性であり、日没後と日の出前がそれらを探す最も適切な時期と言える。赤外線カメラは比較的長い時間の調査観測過程において使用することがで

248

き、見つかりにくい動物の面影を撮影するのに役に立つ。獣類、とりわけ大型の野生動物は、遭遇率はかなり低いため、彼らの出現を待つためには強い忍耐力と運を必要とする。

　両生類、爬虫類の活動を見た時は、必ずゆっくり軽く歩かなければならない。また、必要な時は立ったまま止まってなければならない。望遠レンズを使用することで、精彩にそれらの活動を観察することができる。もし急いで近寄ると、この敏感な動物は逃げてしまい、観察することは難しくなる。通常は水辺の石を裏返したり、石或いは長距離から石灘、水辺の茂みを観察することでかれらの面影を捉えることができる。夜中にはハンドライトやヘッドライトなどの光に頼って、水たまりや排水溝付近及び渓流の中を観察するこで、蛙や蛇を見ることができる。普通のカメラではっきり彼らの活動を記録することはとても難しい。なぜならカメラの焦点を合わせることが難しいからであり、また同時に満足なシャッター速度を保てないからである。そのためリバースカメラという選択は間違っていない。単純な記録用の普通の望遠レンズ或いは観鳥用のレンズで十分である。もし彼らの画像を残したければ、リバースカメラに頼るしかないだろう。通常中距離の撮影には100ミリ或いは180ミリのレンズを使用し、特別に敏感な動物に関しては17～40ミリ、或いは15ミリ、24ミリの広角レンズと魚眼レンズが良いだろう。当然、十分な経験がない状況なら、三脚は必須で、角度と理想的な躍動感を保証したいなら、三脚を使用することを推奨する。照明なら、増強型のLEDハンドライト或いはヘッドライトが実用的で、その外には、撮影の質を保ちたいのなら、フラッシュは多くたいて使用するべきである。

　姿を現さない昆虫は生物撮影の1つの良いテーマで、観察者は昆虫の各種の瞬間を記録したいのなら、忍耐力が必要である。さらには昆虫の活動規律、また習性を把握することも重要である。それぞれの昆虫の大多数の習性は異なり、観察や撮影のどちらであろうとも、もし手のつけようがないなら、花からはじめてもかまわない。蝶々や蜂、蠅、コガネムシ、カミキリムシ等は花から離れて生存することはできなく、それらが花の上で摂食をしている時、警戒心が少し低下しているので、私たちは容易に接近することができる。ある種の鱗翅目の昆虫はとても強い趨光性をもち、同様にこの習性を利用して昆虫を観測或いは撮影することができる。レンズは植物を撮影する時のものと一緒で、至近距離レンズや至近撮影機能のあるレンズはどれも良い選択である。

249

写真の背景の物語

■ 沈　鵬飛

　私たちがこの本を通して美しい写真を鑑賞する時、私たちは生態の撮影師、考察隊員、協力隊員が人通りのない深い山の密林での姿を想像するが、高山の流石灘での作業はどんなものだろうか。

一刻を待つ

　1枚の良質な写真を撮る上で重要なことはなんだろうか。答えは「待つこと」である。私たちが野生の動物を撮るのは棚の上のモデルとして撮ることではなく、また博物館の標本のためでもなく、彼らの生息地と生活スタイルを映し出すことである。私たちが彼らの生活領域に入ると、警戒心の強い動物はすぐに私たちから遠ざかる。これは生物が生存進化の過程において培った本能である。彼らを驚かさないためには、彼らの生活規律を犯さないことが大切で、私たちが唯一できることは、彼らの出没しそうな場所或いは捕食する場所で静かに待ち、黙々と観察することのみである。ある時は1つの動物を撮影するために2～3日間待つ必要があることもあり、またある時はいくら待っても撮影に成功しない時もある。

▲彭先生が川辺に座り、望遠鏡を覗いて周辺の山の鳥類及びその他の動物を観察する様子

▲撮影師がヤルツァンンボ江沿いでアカゴーラルやターキン等大型草食動物の出現を待っている様子

◀野生の鳥類撮影師郭亮がヤルツァンンボ江沿いで鳥の飛翔をとらえた瞬間

大地との密接な接触

　しゃがむ～立つ、伏せる～立つ。これは植物生体撮影師が1日の撮影で経験する全ての過程である。たしかに植物は地上において、動物にように自由に移動はしないが、植物の美しさを発見するためには更に目を凝らさなければならなく、植物を撮影する時は俯き体を曲げなければならない。私たちが目にする上から、横から、正面からの撮影など撮影角度は様々で、まさに伏せる、横になる、座る、しゃがむ等の行為によって獲得されるものである。この他にも小動物或いは出現しにくい動物の撮影、さらには写真の構図を記録する時には必ず大地に接触し、最も良い角度を探す必要がある。高海抜地区の撮影においては、しゃがむ、立つという工程は非常に困難で、甚だしきには高山病を発症することもある。

▶地上に横になっての構図の記録

▼ヨモギの撮影

▲横這いになっての植物の撮影

◀ヤルツァンンボ江の砂地の上での昆虫の撮影

探索は永遠に終わらない

　考察においては、最も深いところまで行くことや、最も高く登ることによって、ようやく人の知らない珍しい動物に接近することができ、また自然の絶景に出会えることができる。毎回河を超え、峠を超え、密林に入ることはまさに自然とさらに接近するためであり、また自然の真や、自然の珍しさを発見するためであり、さらには未知の自然領域の科学的探索である。海抜4000メートル以上の多雄拉山、色季拉山、徳木拉山には全て私たちがこれらの山を超えたという痕跡が残してある。ヤルツァンンボ江岸では、濁流の中渡河し、針葉広葉混合樹林の中では雨の中での冒険の足跡が残されている。

▲ヤルツァンボ大峡谷の広葉樹林は考察隊においてよくなじみのある場所で、毎年夏季の植物が最も生い茂る季節でもここは雨である。それゆえ考察隊はよく雨の中撮影を決行しなければならない。

▲多雄拉山の峠を超える。ここは海抜４５００ｍほどで、雪のため温度は非常に低く、これは典型的なツンドラの高山流石灘である。考察隊もここで珍しいキジを撮影するこができた。

▲毎年７〜８月はヤルツァンンボ江流域の雨季であり、インド洋から来る湿気を帯びた気流がチベット南東部に入り込み、ここに豊かな雨を降らせ、気温を上昇させ、雪を溶かし、山間の渓流は時に氾濫する。考察隊はいま濁流の渓流を超えようとしている。

▲秋と冬の考察において、雪は避けられないものである。ある時は昨晩まで青空であったのに、翌朝は起きてみると銀色の世界である。

山の早朝

　屋外の考察で避けられないことは野営である。以前に述べた「待つこと」は、皆は1匹の動物、或いは出現するかもしれない未知の動物のための行動であり、考察においては日常茶飯事である。なので、私たちの野営地の移動先は実際に考察と撮影に必要な大峡谷の無人区、森林の開いた地、高海抜の峠である。

▲　ヤルツァンンボ江の考察野営地

▲　高山の茂みの中の野営地

▼　冬季の考察における海抜4300mの峠

可愛らしい作業隊員達

　これまでの野外考察において、決して欠かすことのできないものはまさに作業隊員であった。もし彼らの協力がなければ、私たちのほとんどの成果は成し遂げられなかっただろう。全ての作業員はみなヤルツァンポ大峡谷旅行区、巴松錯風景区の屋外協力部門の作業員であり、みなチベット族である。彼らは知恵とユーモアがあり、また少しの可愛らしい照れ臭さと単純さを兼ね備えている。野外考察時は彼らは常に先生を助け、10数キロの撮影機材を背負い先生達の海抜4000メートル活動についてきてくれた。林の中で渓流に達した時は、彼らは一番に水に入り道を探ってくれた。また野営地では作ったご飯を最初に先生にあげた。先生が何か物をなくすと、一番慌て探していたのは彼らであった。これらの本当の兄弟の情誼は先生達にとって決して忘れることのできない記憶になった。

▲野外での夜ご飯

▲考察隊員と協力隊員の全体写真

生物多様性観察路線

南迦巴瓦と那拉錯自然の旅

　南迦巴瓦と那拉錯自然の旅、ヤルツァンポ大峡谷の最も経典な1本の旅の道である。線路の中の難度は、海抜の高さによって違ってくる、さらに絶景によるサプライズは途絶えない。道の上で高山氷川、高山湖、草原と流石灘、針葉林、広葉林などの自然の景観を見ることができる。この道での植物の種類は豊富で、4大高山花「ツツジ、シクラメン、青いケシ、リンドウ」などの花が鑑賞できる。海抜の低いところでは、珍しいラン科植物が鑑賞できる。暖温帯、亜熱帯の竹、天南星などがある。この路は比較的険しくなく、3日の時間で歩ける。

DAY 1

格嘎大橋〜南迦巴瓦峰第一キャンプ
道のり：徒歩8キロメートル
キャンプ場：南峰第一キャンプ場

ヤルツァンポ大峡谷の旅行区の格嘎大橋から出発（海抜2883メートル N29°36.133、E094°56.261）。南迦巴瓦峰第1キャンプ場をヤルツァンポ江に沿って南に向かうと、近い距離で南迦巴瓦峰が鑑賞できる、嘎大草原に着くと、これ以外に石屋の天葬台の旧遺跡などがある。

南迦巴瓦登山は海抜3527メートルで、夜には月明かりに照らされる南迦巴瓦峰が鑑賞できる、周りはとても静かで、雪の崩れる音が聞こえる。人の心を動かすものである！

DYA 2

南迦巴瓦峰第一キャンプ〜ツツジ林海―那拉錯湖
道のり：8キロメートル
キャンプ場：那拉錯湖

朝の南迦巴瓦日の出を見た。天候は万全だ！太陽が山の後ろから出てきた時、雲や峰は太陽の光によって色鮮やかだった。この太陽の光は、私達1人1人の目に映り、大きな感動を体感した。中には泣く人

もいれば、笑う人もいた。

　吉定当嘎大草原を抜け、原始森林に入ると、そこには大きな木々が生い茂っていた。地面は長年の年月を得て、腐葉土はまるで羊の絨毯のようだった。

　ベトナム迦巴瓦峰の雪が解ける時期はとても危険なので、十分に気をつけて登らなければならない。

　海抜4200メートルあまりの山には金露梅が満開だった。雪解けの雫は、青空の下、ツツジ林をよりいっそう美しく見せた。

DAY 3

那拉錯湖～南迦巴瓦観察台～バスターミナル
道のり：9キロメートル

　朝食の後、那拉錯湖に向かった。南迦巴瓦峰と那拉錯湖の間の景観はとても絶妙であった。森林峡谷を抜け南迦巴瓦観察台のバスターミナルに着いた。旅の途中はよく水不足に陥るので、水分の確保はしっかりしておかないといけない。

　那拉錯湖は海抜4300メートルである。湖を一周するのに大体3～4時間かかる。湖の泥はまるで女性化粧品のような深海の泥のようである。現地の人はこれを使って、皮膚病など治療する。

　森林を抜け、少し山を下ると、そこには格嘎溝の森林峡谷が一望できる。その美しさは日によって違う。下山の後は格嘎温泉につかり、この何日かの疲れを癒した。

魯朗茶馬古道人文自然の旅

　魯朗林海は「中国で最も美しい」とされる景観の密集するところである。魯朗林海は中国で最も美しく、最も大きい林海である、中国で最も美しいとされる山、南迦巴瓦峰は魯朗林海の東南側にある。また世界で最も大きな峡谷、ヤルツァンポ大峡谷の隣にある。魯朗はチベットの言葉で「龍王山谷」と呼ばれている。魯朗の美食以外に人々に重要な知識を与えることも人を惹きつける要因の1つである。芒康は現在の川蔵公道である。茶葉や食塩などの生産が主である。

　魯朗境内の茶馬古道と「芄野塵夢」の中に出てくる陳渠軫の歩いた道と同じである。本の中では、冬（東）久、納月（拉月）、噶当、八浪（排龍）登、湯（通）麦、彝（易）貢など魯朗の地名が紹介されている。今の国道318線の一線上に並んでいる。そのため我々は「芄野塵夢」の道と呼んでいる。

　魯朗境内で、茶馬古道はすでに新旧徳木寺の間の重要な道となっている。この道は、北は徳木北溝に始まり徳木寺跡地がある、さらに東に4200メートルあまり進むと徳木拉山の入り口に着く。全長約２０キロメートルで、8時間ほどの時間がかかってしまう。

　新旧徳木寺の道には3つの特徴がある。1つは茶馬古道と完全に重なる。この道は色季拉山の入り口前までは溝通蔵、川の重要な道の1つである。2つ目は、この道の景観はおよそ4200メートルの徳木拉山にあるため、南北の両側では違った気候や植物などが観察できる。南にはヤルツァンポ江があり、気候は乾燥している。植物はツツジなどが主にある。また溝口一帯には黄牡丹が一面に広がっている。北側には魯朗林海がある。ここには大きな木々があり、また牧場にも向いている。3つ目は山の入り口から、ヤルツァンポ江と尼洋河、また河谷集落など遠いところを一望できる。また放牧の時期が高山牧場として、伝統的な農業の乳製品生産加工工程を見ることもできる。

　山の入り口を境にして、道は2つに分かれる。

第一段：徳木寺跡地から徳木拉山入り口

　道のり：全長約8キロメートル
　海抜：約500メートル以上
　時間：3.5～4時間

　道の状況：徳寺木跡地から山の入り口までの間は、緩やかな坂で、歩きやすい。山の入り口から雲杉林、林の中の小道からだんだんと坂は険しくなっていく。途中林の中には湿地がある。林から山の入り口、湿原の坂道と、水場が多い。牧場は緑林にある、7～9月の間、遊牧民族が放牧している。
　天気：林の中は霧がかっている、また緑林を出て、山の入り口付近に着くと、少し雪がある。
　見所：魯朗花海牧場から始まり、高山花海と東巴が最も有名である。高山植物や菌類など観察できる

第二段：徳木拉山入り口から新徳木寺

　道のり：全長約12キロメートル、下山した位置から新徳木寺まで約5キロメートル、簡単な溝畔公路である。
　海抜：最大海抜約1100メートル
　時間：4～5時間

　道の状況；徳木拉山入り口方から、簡易雑木道の間の坂は険しい小道である。さらに雪の日などはとても滑りやすい。
　簡易雑木道の終点の草場から溝畔公路の終点の間は、歩きやすい。ただし水たまりが多く存在する。
　簡易雑木道から溝口一つ目の村の間は、雪の日が多くぬかるんでいる。
　1つ目の村から徳木寺の間の道は歩きやすい。
　見所：徳木拉山入り口付近には高山牧場があり、ツツジ林とヤルツァンポ江を見るスポットである、徳木拉山入り口と、色季拉山入り口は小さい山の峰のようである、1つ目の村には多くの黄牡丹があり、さらには村の寺も見ることができる。またここにいる人たちの民族体験もできる。

巴松錯冷布溝から魯朗東久溝自然探索の旅

　巴松錯冷布溝から魯朗東久溝に着くまでの自然探索の旅、ヤルツァンポ大峡谷周辺区域で活動している人は少ない。風景は最も原始的で、自然景観のすべてが一望できる。この道では、高山谷地、高山草原、氷蝕湖、氷磧湖、高山偃塞湖、高山雪峰と氷川、渓流、沼地、草原、希少な樹林帯、原始森林、深い谷、牧場、急流などの自然の景観がすべて1つになっている。
　人がたまに足を踏み入れると、そこには野生の鳥、小型哺乳類動物に遭遇する確率が多い。とても典型的な野生植物、および鳥の鑑賞の旅道である。徒歩で約57キロメートル、4日間を費やした。

DAY 1

巴松錯度暇村～桑通草場～達日錯北湖（黒湖）
道のり：14 キロメートル（桑通草場を徒歩の起点とした）
キャンプ場：達日錯湖岸牛棚

　早朝に巴松錯度暇村を出発、バスに乗り桑通草場に到着、ここから徒歩で行く。乗り桑通草場は面積の比較的広い高山牧場である。登る道が牧場を抜けるとそこにある。ここでは滝や、珍しい樹林、およびツツジ林を見ることができる。海抜 4450 メートルを越える冷布雅拉山、ここではとても綺麗な癰錯比日湖がある。下山の道の落差は 100 メートルほどある、高山草原地帯を抜けると、達日錯北湖キャンプ地に着く。湖の周辺のツツジ畑の中にキャンプ場の牛棚があり、現地の遊牧民の休息の場所である。この道は徒歩の道のりで最も苦労する区域である。

DAY 2

達日錯北湖（黒湖）～達果木錯（白湖）～冷布棍巴
道のり：16 キロメートル（徒歩）
キャンプ地：冷布棍巴遺跡の向かいの草地キャンプ場

　早朝に起床して、朝ごはんの後、2 日目の徒歩が始まった。本日の日程は、全日程の徒歩の道のりの中で比較的歩き易い道のりである。高山草原および樹林の中を歩いた、幾つかの季節感のある湖を通った。1 日目の高山の徒歩は、身体を順応させる作用があった。午後に達果木錯（白湖）についた、白湖の周辺

259

には少しのツツジの花が周辺の草原に咲いていた。夜に"冷布梱巴"寺院遺跡についた。遺跡の向かいに草原にキャンプした。ここも冷布溝と東久溝の交わるところである。草原は開けており、周辺には背の低い植物がある。山の上には針葉林があり、また夜空の星が綺麗に見える場所でもある。

DAY 3

達果木錯（白湖）〜港阿如キャンプ場
道のり：15 キロメートル（徒歩）
キャンプ場：港阿如キャンプ場

　早朝に出発して、東久溝内に向かって歩いた。この道は基本的に草しかない。高山草原には"塔頭草"が見られる。また途中で江達錯高山湖も通る。林を抜けると、夜に港阿如放牧地点についた。ここは牛棚、森林、雪山と急流のある牧場である。緑が生い茂るこの密林の中で、野生の鳥などに遭遇する確率が非常に高い、そのため絶好の撮影地である。東久溝はヤルツァンポ大峡谷の代表的なアカゴーラルの生息地の1つで、もし運が良ければキャンプ地から山の上に珍しいアカゴーラルを見ることができる。

DAY 4

港阿如キャンプ場〜東久溝林場〜魯朗花海牧場
道のり：12 キロメートル（東久溝林場から徒歩）

　日程最後の1日、そして険しさも比較的大きい1日である。道のりは基本下りだが、この下りが全日程の中で最も危険な道である。崖の壁を下らなければならない、その隣には東久河がある。下りの中で針葉林、ツツジ林、青岡、および竹の中を通り、最後に東久溝林場到着した。林場簡易公路から車に乗ることができ、国道318を通り魯朗花海牧場景区の度暇村についた。
　4日の自然探索の旅はここで終わった。

参考文献

【1】呉征鎰 チベット植物誌第 1 巻 . 科学出版社 .1983

【2】約翰・馬敬能（John MacKinnon）卡倫菲利普斯（Karen Phillipps）中国鳥類野外手帳 . 湖南教育出版社 2000

【3】蓋瑪（Gemma.F.）解炎・汪松・史密斯 (Andrew T.Smith) 中国獣類野外手帳 . 湖南教育出版社 . 2009

【4】張巍巍・李元勝 . 中国昆虫整体大図鑑 . 重慶大学出版社 .2011

【5】謝仲屏 チベット昆虫第 1 冊 . 科学出版社 . 1981

【6】中国科学院 . チベット昆虫第 2 冊 . 科学出版社 .1982

【7】中国科学院登山科学考察隊 . 南迦巴瓦峰地区生物 . 科学出版社

【8】費梁 . 中国両生動物図鑑 . 河南科学技術出版社 .1999

【9】季達明・温世生 . 中国野生動物保護協会 . 中国爬虫類動物図鑑 . 河南科学技術出版社 .2002

【10】楊星科 . チベット雅魯蔵布大峡谷昆虫 . 中国科学技術出版社 . ２００７

【11】西安情報測量製図センター . チベット自治区地図（改訂第 5 版）Js（2009）01-247. 星球地図出版社 .2011

【12】Flora of China: http://foc.eflora.cn/

【13】中国植物主題情報庫 http://db.kib.ac.cn/

【14】中国動物主題情報庫 http://www.zoology.csdb.cn/

あとがき

　恥ずかしながら私は2013年6月に初めてチベットの地に足を踏み入れた。雨初氏の理想と執着に感動したため必ず行こうと決めていた、今なお建設中のチベットの風情溢れる「ヤク博物館」を見に行った。

　彼が案内をしてくれ、チベットの旅も順調そのものであった。6月10日の早朝、南迦巴瓦の姿が露わになり、あたり一面霞がかっていて、500メートル下の雅魯蔵布では唸るように川が流れていた。我々は五体投地をして雪山峡谷を拝んだ。黄昏時に林芝の八一鎮、尼洋河のほとりで雨初氏とお酒を交わし別れを告げた。

　天意なのであろうか、チベットの贈り物なのであろうか、このような本は生命の温もりに溢れている。とても不思議なものだ。お酒の場で酔いも回ってきたところに、初めて出会った羅浩さんが3年をかけてグループで野外考察を行い、それを後に編集した『雅魯蔵布大峡谷地区生物多様性現測範手帳』を見せてくれた。書名を聞いて驚かされ、杯をあげてそれを表現し、出版は北京出版グループしかないと思った。私は白酒を一杯飲むことにした。

　北京に戻って電子版を見ても期待通りであった。我々は中国科学院研究所、植物所の専門家を招いて判読をしてもらい、本書の科学品質を確かめた。実際の所私はその中の親密さのようなものをより重視していた。高原を守り、広々とした野原を歩き、川を越え、岩を登り、雨にも風にも負けず、強靭な精神力で生命の最も美しい瞬間を待ち続けた。この本が強調しているのは万物のエネルギー、すなわち生命の力である。600を超える写真は、這いつくばったり、仰向けになったり、しゃがんだりひざまずいたりと様々な姿勢で取られており、言葉を介さずとも撮影者の自然に対する信仰や生命に対する熱意が伝わって来る。多様な生物の存在が大自然を生み出し、万物を反映させ、そして人類の幸福へとつながる。様々な形の生命がある場所、そここそが人間の天国である。

　レンズの後ろにある目が我々に生命の間の寄り添い合いや共存を見せてくれ、生命の間の通り道をつくってくれる。それぞれの責任や気持ちの視点から無限の愛で様々な美しい生命を撮影した。そして彼らとの協議の末『雅魯蔵布の眼』という書名になったのだ。

　この本の出版を通して、すべてのチベットを愛する人、高原を大切にする人、あらゆる人々に感謝の意を示し敬意を払いたい。

喬　玢

北京出版グループ　総経理

環ヒマラヤ生態観察叢書①

ヤルツァンポ大峡谷生物多様性観測マニュアル

ヤルツァンポの眼 　　　　　　定価 3980 円+税

発　行　日	2019 年 2 月 15 日　初版第 1 刷発行
著　　　者	チベット戸外協会
訳　　　者	安西辰彦　中村千也
監　　　訳	駱　鴻
出　版　人	劉　偉
発　行　所	グローバル科学文化出版株式会社
	〒 140-0001 東京都品川区北品川 1-9-7 トップルーム品川 1015 号
印 刷・製 本	株式会社ウイル・コーポレーション

© 2019 Beijing Publishing Group Beijing Arts and Photography Publishing House

落丁・乱丁は送料当社負担にてお取替えいたします。

ISBN 978-4-86516-018-5　　C0645